Ⓢ新潮新書

根岸豊明
NEGISHI Toyoaki

テレビ局再編

1025

新潮社

テレビ局再編　目次

序　章　テレビは若者に支持されているか　9

若者は未来からやってくる　プラットフォーマーの主役交代　オンデマンド・サービスの群雄割拠　大きく育ったＴＶｅｒ　リアルタイム配信も実現　ＢＢＣを見習ったＮＨＫ　デジタルネイティブの時代　本当にオワコンなのか？

第1章　成熟の汎テレビ時代　１９８０〜９０年代　32

パクス・テレビーナ　１９５３年が「テレビ」元年　ニューメディアの時代　都市型ケーブルテレビ　通信衛星　多メディア多チャンネル　ＢＳデジタル放送　伸び悩んだ広告収入　通販番組への批判と「神風」　垂直統合と水平分離

第2章　デジタルの時代　２０００〜２０１０年代　55

地デジ化　総額１兆円超の投資　デジタル・マフィア　次世代技術満載だった日テレ汐留新社屋　ライブドア騒動と認定放送持株会社　在京キー

局の反応　現在は地方局もホールディングス化　アメリカ・メディア調査

第3章　新たな覇者、インターネット　１９９０年代〜　78

ＳＮＳの戦争　フェイク・ニュースの危険性　インターネットの誕生
新聞、テレビ局のネット戦略　ｉモードとＩＴバブル　ｉＰｈｏｎｅとワンセグ　大損だったＮＯＴＴＶ　インターネットは脅威か　テレビを抜き去ったネット広告　恒産なければ、恒心なし

第4章　インターネットと、放送の自律　109

安倍元首相と「放送の政治的公平性」　放送法４条の「立法事実」　放送法改変論議への反発　メディア界重鎮の説得　求められる「自律」「倫理」

第5章　テレビ経営の現在位置　121

キー局と地方局の関係　ネットワーク戦略　中央集権型と幕藩体制型
親藩・譜代・雄藩　「危機的状況」ではないが……　「ゆでガエル」になっ

ていないか？　地域力というパワー　シンクタンクによる経営シミュレーション　「黄信号」や「赤信号」の局も

第6章　ネットワークは誰が救うのか　*146*

テレビ局再編を視野に入れた有識者会議　テレ朝が提案した「ブロック統合」　フジは「持株会社の活用」を要望　危機的状況を救うのは……

第7章　「テレビ局再編」を考えるヒント　*159*

ブロック統合と垂直統合の留意点　1局2波あるいは3局体制　クロスネット局への再認識　ハード部門会社の可能性

第8章　テレビの価値再発見　2023　*171*

WBCの視聴者数9446万人　ビデオリサーチが証明したテレビの力　一般化した個人視聴率　報道分野での価値再発見　制作分野での自己変革　在京キー局のコンテンツ戦略　「テレビを超えろ」

第9章　２０３Qのテレビ局再編　188

２０３Q　動き出した「1局2波」　「ブロック化」で失われたもの　再編は東京でも　まだら模様に進む再編　地方局はエリアで協力する見方も　民放のビジネスモデルは維持できるか？　２０４Qの世界・日本・東京　3大メガネットワークの誕生

終　章　テレビは終わらない　209

２０３Q再考　地域の総合プラットフォーム　政界も金融も再編された　水面下での大きな流れ　そして、テレビは終わらない

主要参考文献　222

序章　テレビは若者に支持されているか

若者は未来からやってくる

その存在が気になり始めたのは、2000年代の初めの頃だった。

2005年にアメリカで生まれた「YouTube（ユーチューブ）」。時を経ず、日本にも上陸した。

日本でのユーチューブには当初、テレビ局の番組が利用者によって次々とアップされた。身近にある魅力的な動画だったからだ。しかし、それは著作権法違反の代物だ（ユーチューバーがオリジナル動画で広告費を稼ぐようになるのは、まだ先のことだった）。

この違法動画に対してテレビ局は、ユーチューブにその動画の削除要求を出し続けた。しかし、指摘した動画が削除されても、また新しい、似たような動画が次々にアップされ、削除とアップは「イタチごっこ」になっていく。

在京テレビ局の著作権担当者とユーチューブは長期にわたって違法動画の協議を続け

た。この間の両者の関係は険悪で敵対的だった。しかし、協議の末、ユーチューブが提供するビデオＩＤを使って番組をマーキングし、違法動画を自動検知、削除することで合意に至った。

この合意の頃から、テレビ局とユーチューブの関係は変わり始めた。ユーチューブはテレビ局に無償で公式アカウントを提供し、番組広報などにユーチューブを活用できるようにした。広告も認め、広告収入を支払うことも約束した。ユーチューブからの提案はテレビ局にもメリットがあった。テレビ局も自力でネット動画のプラットフォームを作り、運営していくには様々なコストが掛かることが分かり始めていた。提案に乗れば、このコストが回避できる。そればかりではない。若者に広く受け入れられているユーチューブに自身の露出機会を得ることは、「若者のテレビ離れ」に悩むテレビ局にとって、その解決策のひとつになるとも考えられた。

かつて渋面でユーチューブに違法動画の削除を要請していたテレビ局の担当者は一転、ユーチューブの側に立った。そして、担当者はユーチューブ活用の意義を社内で訴え、こう言った。

「ユーチューブを使い倒そう」

それは新興メディアであるユーチューブのテレビ懐柔策だったのかもしれない。

私たちは、彼らの「変心」を訝《いぶか》ったが、流れはユーチューブとの提携に向かっていった。いまでもあれは、「トロイの木馬」ではなかったのかと思うことがある。


そして、20年近い時が流れた。

2022年春に調査会社が実施したアンケートで「若者が親しんでいるメディア」は、第1位から第4位まで全て、ネット系メディアに占められた。テレビでは視聴率や営業成績で業界トップの日本テレビが5位に甘んじていた。堂々の第1位はユーチューブだった。

20年という歳月があれば、赤ん坊も20歳になる。いまの20代の若者たちは、生まれた時からそこにあるユーチューブなどデジタルメディアに慣れ親しんで育ってきた。

「若者は未来からやってくる」

私はそう考える。

若者たちは、私たちの世代が想像する以上にインターネットや次世代メディアに親しみ、そして、詳しい。新聞やテレビなどのマスメディアに対する思い入れや考え方は私たちとは全く異なっている。彼らはマスメディアに囚《とら》われない。囚われる義理もない。そして、未来のメディアを創るポジションにいる。その未来のメディアは、彼らの頭の中、深層心理の中にある。私たちの世代が何十年か前に「テレビっ子」として育ったように、彼らはいま、「デジタルネイティブ」であり、「スマホ・キッズ」として育ってきた。

　未来を創る若者たち。逆説的かもしれないが、若者は未来からやってくるのだ。

プラットフォーマーの主役交代

「ユーチューブ」は今や巨大な「無料広告メディア」（広告費によって運営し、無料で放送・配信するメディア）となった。テレビもネットも視聴できる「スマートテレビ」あるいは「コネクティッドテレビ」でもユーチューブの利用時間は全体の2割に達し、時間帯によっては地上放送よりも多くの人々に利用されている。その存在感や媒体価値はいまやテレビと同格と言っていい。

　ユーチューブの広告を集めるセールスマンたちの鼻息も荒い。彼らはテレビ広告と比較したユーチューブ広告の優位性について、データを駆使して広告主にプレゼンテーションしている。そして、その成果は右肩上がりを続ける売り上げで証明されてきた。どうやらテレビがリードしてきたメディア視聴の環境は、時を経て、ユーチューブに使い倒されたようだ。

ユーチューブは、いわゆる動画「共有」のプラットフォーマーである。

動画共有プラットフォームには世界中のユーザーから膨大なコンテンツがアップされ、集約される。そこに導入されるネット広告で、「胴元」ユーチューブの収入は膨れ上がっていく。広告収入の一部はコンテンツ提供者に還元されるので、個人であれば十分な還元益を得ることもできよう。それがユーチューバーたちの活動原資になる。しかし、私たちテレビ局はユーチューブでは儲からない。個人と同程度の還元益では、いくら無料動画をアップしても収入は僅かだ。費用対効果で割が合わない。サーバやCDN（コンテンツデリバリーネットワーク）などの費用はユーチューブが肩代わりしてくれるが、それでも多くは稼げない。

このためテレビ局は、ユーチューブという「場」を、稼ぐ場所ではなく、番組やイベントの宣伝広報の場、ニュース報道の補完的伝送路として割り切ってきた。しかし、それでは永久に主役にはなれない。

ネット広告で儲かるのは、コンテンツ・ホルダーと、「場」を提供するプラットフォーマーとされるが、「胴元」であるプラットフォーマーが最も利益を得ることができる。ユーチューブはその典型である。改めてプラットフォーマーの重要性を認識せざるを得ない。

そう。テレビもプラットフォーマーだった。テレビという「魔法の箱」はかつて映像を視聴できる唯一独占的な「場」だった。テレビはその「場」を提供し続けた。「場」には、地上放送や衛星放送といった放送が集結した。テレビ局はコンテンツを制作し、そこに広告をつけることで、あるいは課金することでその制作費を回収し、映像事業を成立させた。放送することでテレビ業界全体を潤わせた。

テレビ局の独壇場だった映像視聴のプラットフォームがいま、ユーチューブなどネット上の様々なプラットフォームにシフトしようとしている。言い換えるならば、プラットフォームという、富が集まる「場」も分散し、移りつつあるといえるのだろう。

オンデマンド・サービスの群雄割拠

日本では、インターネットの商業利用は1993年に開始されたが（アメリカでは1

990年）、爆発的に普及したのは95年のウィンドウズ95のおかげだ。そして、96年のヤフー（Ｙａｈｏｏ！）検索サービス開始でユーザーは激増した。

しかし、この時期はまだ、通信回線のスピードは遅く、画面もテキストベースだった。新聞などのテキストメディアは警戒感を強めてはいたが、「動画」はデータ量や回線の質、スピードなどからまだまだの感があり、テレビは圧倒的優位、独壇場だった。

２０００年代に入って通信回線が「光」へと進化し、大容量・高速通信が可能になると「動画」はネットに載り、テレビとの競合が始まる。前述のとおり、２００５年、アメリカでユーチューブが生まれ、日本にも上陸した。06年には国産の「ニコニコ動画」も始まった。私たちテレビも対抗策をあれこれと模索し始めた。

先進的な動きが日本テレビであった。「電波少年」で有名なT部長こと土屋敏男氏が05年に「第2日本テレビ」を立ち上げた。サイト設営の軍資金は当時としては破格の「10億円」と言われ、内外がその動向に注目した。しかし、この野心的な試みは時期が早かったのだろう。結果的には大きく伸張することはなかった。

08年12月に公共放送ＮＨＫが豊富なアーカイブスを使ったビデオオンデマンド・サービス、「ＮＨＫオンデマンド（ＮＯＤ）」を開始した。これに前後して民放キー局もビデオオンデマンドのサービスを始める。「フジテレビオンデマンド（FOD）」「TBSオンデマンド」がそれらだ。日本テレビも捲土重来を期して2010年に「第2日本テレビ」をリニューアルした「日テレオンデマンド」を始めた。こうしてNHK、民放が入り乱れるビデオオンデマンドの群雄割拠の時代が始まった。

しかし、この当時のテレビ各局が抱く、ネット配信への考え方は一致していた。

「ネットでの動画配信はあくまで地上放送を補完し、支えるためのものだ」

その態度は頑なだった。動画配信が視聴できるデバイスは「テレビ以外」に限定された。テレビ局の主戦場は地上放送であり、その「稼ぎ頭」としての地位は揺るがなかった。雌雄を決する「視聴率」は絶対的だ。動画配信がテレビ画面に載り、地上放送の視聴率を棄損することは認められなかった。だから視聴できるデバイスは「テレビ以外」だった。

この時代に、テレビメーカーは、テレビでインターネットが視《み》られる新機種を次々と発売した。メーカーにとっては新しい商品企画・機種を市場に送り出していくことは必要不可欠だ。しかし、そうした企画・機種にテレビ局はネガティブで、常にメーカーに善処を申し入れた。本来なら広告主でもあるメーカーに一蹴される話であるが、当時はそうした要請に、一部を除きメーカーも応じていた。そういう「テレビ覇権」の時代だった。テレビ局は自局の動画サイトが視聴できるデバイスをパソコンやモバイルに限定しただけでなく、ビジネス・スキームも「有料課金」に限定して地上放送のスキームである「広告」と共喰いしないように方向づけた。その考えは徹底し、鉄壁だった。

しかし、その壁も少しずつ崩れていくことになる。時代の流れの方が速く、強かった。ネット動画の普及は速やかで、とりわけ若者にそれは著しかった。その流れに押されるようにテレビは2014年から15年にかけて大転換、「パラダイムシフト」を行った。

テレビで本放送された番組を放送終了後に速やかに配信する、いわゆる「見逃し」配信が始められたのだ。その目的は、「テレビ離れ」する若者たちを「見逃し」視聴をきっかけにテレビのリアルタイム視聴に引き戻すことだった。その「パラダイムシフト」は、新たな視聴形態が視聴率を棄損するか否かではなく、視聴率の漸減を食い止められるかどうかという発想への転換だった。もっとも「視聴率」を墨守するという点では一貫していたが。

しかし、このパラダイムシフトは、テレビがそれまで一線を引き、距離を置こうと努めていたネットに自ら近づく行為だったといえる。時代の移り変わりにテレビも変わらざるを得ないという必然性と覚悟がそこにあった。なお、「見逃し」視聴も当初はテレビ・デバイスでの視聴を排除して始まったが、やがてそれは「なし崩し」に解除される。そして、堂々とテレビでの視聴が可能になっていく。そして、テレビはさらに一歩踏み込んだ。「見逃し」視聴のテレビ共同戦線。それが模索された。

大きく育ったＴＶｅｒ

テレビ各社が個別で行ってきた「見逃し」配信をもっと大きな座組みで出来ないだろうか。在京民放テレビ5社が共同運営するプラットフォームを作れないだろうか。その旗を掲げたのが井上弘民放連会長（ＴＢＳ会長、当時）だった。民放連会長肝煎りの「共同プラットフォーム」構想に在京民放各社は、温度差はあったものの参画していく。その旗には「テレビメディアの価値向上」という言葉が記されていた。

リアルタイムで見落とした番組を「見逃し」視聴で補完し、地上テレビのリアルタイム視聴に視聴者を呼び戻そう。視聴してくれさえすれば、番組の面白さには自信がある。視聴者、とりわけ若者たちにテレビというメディアの価値を再認識してもらい、その価値を向上させる。それが「井上構想」の主題だった。

確かに在京民放テレビ5社が共同プラットフォームに集結すれば、ラインナップできるコンテンツは相応の規模になる。個別よりも大きなインパクトを内外に与えられる。この構想実現のために白羽の矢を立てられたのが、「プレゼントキャスト」という会社だった。

プレゼントキャスト社について少しだけ触れておきたい。同社はテレビの地デジ化が進められていた時期と重なる、2006年4月に在京テレビ5社と広告会社4社が立ち上げた会社だった。それは、民放と広告会社がタッグを組み、ネット時代の到来に向けて作った先進的な会社でもあった。

同社はテレビ番組のポータルサイト「テレビドガッチ」を運営し、在京テレビ局の広報活動や番組情報、番組出演者のインタビューなどを積極的にネット配信した。また、08年の北京オリンピックからは民放の委託を受ける形で「gorin.jp」というサイトを運営し、民放のネット配信権を使って五輪競技を独自配信した。このサイトは一部ファンには歓迎されたが、その一方で地上放送の視聴率を棄損しないように配信競技を限定され、実況中継も省略されるなど足枷《あしかせ》も多くみられた。先進的で野心的な会社のはずだったプレゼントキャスト社に対する出資社の思惑もひとつではなく、隔靴掻痒の感は否めなかった。出資社から出向してきた若い社員たちもそのやる気を生かしきれず、会社は伸び悩み、遂には「店仕舞い」さえ噂されていた。そこにもたらされたのが、「共同プラットフォーム」構想だった。

大きな目標。社員が一丸となれる目標が生まれることで会社は変わる。そこに在京テレビ各社からデジタルやメディア戦略の担当者たちも新たに集結する。

その音頭をとったのは井上民放連会長の膝元であるＴＢＳの武田信二社長（当時）だった。そしてプレゼントキャスト社の大改造が始まった。「見逃し」配信の共同プラットフォームのために新システムの構築が進められ、新たな運営方針が固められていく。

そして、２０１５年10月。民放テレビ共同プラットフォーム「ＴＶｅｒ」が生まれた。それはまた、プレゼントキャスト社の再生だった。時宜を得た「ＴＶｅｒ」はその規模と品揃えで利用者を増やし、急成長していった。コンテンツ提供社も在京テレビ局だけでなく、在阪局や系列地方局、そしてＮＨＫが参画していく。

それから７年半。２０２３年４月にＴＶｅｒアプリの累計ダウンロード数は６０００万となり、同年６月の月間アクティブユーザー数は２８２０万人、再生数は３億５８７

7万回を数えるまでになった。世間の認知度も7割を超えている。TVerに参加する放送局は全国でおよそ100社。配信しているテレビコンテンツは常時500以上という状況だ。井上構想の目論見は当たった。

TVerの右肩上がりの成長は依然、続いている。「テレビメディアの価値を向上させる」という当初目標に留まらず、それはテレビ局に新たなビジネス機会をもたらすものとして進化を続けている。「放送広告」とは異なる「ネット広告」を挿入することで新たなネット収入が着実に集まりつつある。TVerは、放送事業者による無料広告ネット配信の「一大牙城」へと育っている。

国産のメガ・プラットフォームとなりつつあるTVer。そこでテレビ局は「見逃し配信」に加えて、もうひとつの別のサービスも提供している。それは22年からだ。そのサービス、「リアルタイム配信」（同時配信）の実現にいたる過程には放送事業者ならではの逡巡《しゅんじゅん》と決意が込められている。そのことも記しておきたい。

リアルタイム配信も実現

テレビと同じコンテンツをネットでも同じ時間に視ることはできないか。

このコンセプトが最初に語られたのは、2006年のことだった。「放送と通信の融合」が喧伝される中、竹中平蔵総務相（当時）は素朴な疑問を発した。「テレビで放送されている番組を、どうしてインターネットで視ることができないのか」。この疑問は、総務相の私的懇談会「通信・放送の在り方に関する懇談会」（竹中懇）によってその実現が図られた。放送事業者の私たちからすれば、この突然の発言は「ビーン・ボール」に近かった。放送と通信は法体系が明らかに異なる。特に著作権法の扱いはかなり違っていた。軽々にテレビ番組をネットに載せると権利問題でヤケドをするとも言われていた。

竹中発言のきっかけは、当時注目されていた「サッカーワールドカップ・ドイツ大会」に触発されたものだった。実際、海外では一部でネット同時配信が始まっていた。しかし、私たちはサッカーワールドカップのテレビ中継に関する「放送権」は持っていたが、ネットに載せるために必要な「ネット配信権」は持っていなかった。そして、安くはない対価を支払ってその権利を獲得する考えもなかった。テレビ局の関心はそこにはなく、テレビで数多くの人に視てもらい、そこで収入を得ることが全てだった。従って「サッカーワールドカップ」の放送がネット配信されることはなかった。

テレビ局がネット配信に関心を持たなかったことにはそれなりの理由がある。民放テレビのビジネス・スキーム、地上放送ネットワークの存在がその主たる理由だった。東京キー局から送り出された全国向けの「番組」と「CM」は、地上放送のネットワーク回線を通じて全国の系列地方局に届けられる。「番組」と「CM」を受け取った地方局は、彼らの電波を使ってその放送エリアの視聴者にそれらを届ける。地方局はこの全国放送の仕組みへの対価として「電波料」をキー局から配分されてきた。「電波料」の原資は、キー局が全国放送を条件に番組提供社（ナショナル・スポンサー）から得た広告費だ。提供スポンサーのCMは、番組と共に全国一斉に放送される。それはキー局、系列局による連携作業だ。

東京キー局がインターネットに「番組」と「CM」を丸ごと載せてしまうとどうなるか。それは地方局を介さず、「番組」と「CM」がキー局のサーバとインターネット回線によって直接、視聴者に届けられてしまうことを意味する。それでは地方局が干上がってしまう。「地方局スルー」は、テレビ現業にとってはあってはならないことなのだ。

この全国放送という仕組み以外にも、ネット配信に関心を持たなかった理由がある。全国に向けてネット配信を行う場合に発生するコスト、サーバやCDN、ネット広告のシステムなどの費用を考え合わせると、その費用対効果の面でも当時のテレビ局がネット配信を行うことは全く割に合わなかった。

竹中総務相発言は結局、著作権の壁や地上放送ネットワークとの整合性などで結論をみないまま沙汰止みとなった。２００６年当時、インターネットによる動画配信は国内では未成熟だったのだ。そして、「テレビ番組がネットで視られる」、ネット同時配信の考え方は水面下に潜る。しかし、それは消滅せず、16年後に再浮上することになる。

浮力を与えたのは、総務大臣を戴く総務省当局ではなく、かつてその考えを否定し、抑え込んできたテレビ局自身だった。２０２２年4月。在京キー全局は、「同時配信」改め「リアルタイム配信」を、ＴＶｅｒ上で行うことを決めた（日本テレビは前年10月から先行開始）。前述した「放送権」や「地方局スルー」「ネット配信コスト」などの課題でこの事業に疑義を呈する向きも一部に残っていたが、在京民放各局は大きく舵を切った。

竹中発言のあった２００６年から22年までにメディアを視聴する環境は大きく変わっていた。ネット動画配信の勢いは確実に増し、民放によるオンデマンド・サービスも始まった。そうした動きが共同プラットフォーム「ＴＶｅｒ」を産み出し、後述するＮＨ

Kの動向とも相俟《あいま》って、民放テレビにとってタブーだった、「リアルタイム配信」への流れが作られていった。

BBCを見習ったNHK

民放の変容、心変わり。そこには「放送の二元体制」の相方であるNHKが持つインターネットへの考え方、対応も大きく影響している。

テレビ事業者の中で最も早くからインターネットに関心を寄せていたのはNHKだった。「NHKオンデマンド」「NHKプラス」などNHKはネット事業を次々と先行させていた。その彼らを勇気づけ、歩みを進ませたのは、先輩格であるイギリスBBC放送の未来戦略だった。

2012年のロンドン・オリンピックはその一大ショーウインドウだった。私はこの時、日テレ系五輪視察団の一員として訪英したが、訪れたBBCが地上放送での全面展開はもちろん、インターネットでも同時配信を行い、「地上プラスデジタル」によって2500時間にも及ぶ、膨大な質と量のオリンピック放送・配信を行うことに驚かされた。

放送・配信の元素材となる全ての競技映像が用意されていたことにも驚いた。その仕組みだが、かつて五輪開催国の地元テレビ局がコンソーシアム（共同事業体）を作って制作していた五輪映像は、いまや異なる仕組みで制作されていた。私自身はロンドン五輪で初めてそれを知った。

全ての競技映像と音声素材は、ＢＢＣではなく、ＯＢＳ（オリンピック放送機構）によって制作されていた。ＯＢＳはＩＯＣの放送部門である。開催国の放送局に委ねていた競技の映像制作はＯＢＳによって一定の品質を維持し、恒常的に制作されるようになっていた。高額で評判が悪いオリンピックの放送権料には、実はこのＯＢＳの制作費も含まれている。

ロンドン大会では、会場に程近い巨大な倉庫群が借り切られ、ＯＢＳの国際放送センター（ＩＢＣ）となっていた。26競技３０２種目の映像が競技の現場で制作され、ＩＢＣにそれら全てが集められ、編集・送信が行われていた。ＯＢＳはスタッフ、設備ともに圧巻だった。それが現代オリンピックを支えていた。

ＢＢＣはＩＯＣに対して放送と配信のための権利料を支払い、ＯＢＳから映像・音声信号を貰い受け、ＢＢＣによる実況アナウンスをつけて放送とネットにそれらを展開していた。それが、２５００時間、26競技３０２種目に及んだＢＢＣの放送と配信の実際だった。

ＢＢＣのネット戦略は一歩先を進んでいた。インターネットはテレビ放送と同様に次世代のメディアとして不可欠なものになると彼らは確信していた。その未来認識はＮＨＫにも伝播し、彼らは「『公共放送』から『公共メディア』へ」（２０１５年　ＮＨＫ経営計画並びにＮＨＫビジョン）という新しいキャッチフレーズを掲げた。そして、このころからＮＨＫのインターネット事業への注力が強まっていった。

デジタルネイティブの時代

そうしたＮＨＫの先進的な動きに私たち民放は戸惑っていた。

「テレビで視られる番組を、わざわざ小さいスマホ画面で視るのだろうか」

リアルタイム配信を巡っては、私たち在京民放関係者には逡巡があった。

「携帯電話でテレビが視たいのならば、ワンセグを使えばいいではないか」

自分たちが行っている放送サービスへの誘導もずっと考えていた。ワンセグならば、放送エリアは守られる。それが、２０２０年当時の私たちの迷いであり、「同時配信」

への懐疑だった。

しかし、時代はそうした逡巡を追い越していた。そして、ＮＨＫは「同時配信」に突き進んでいた。

２０２０年4月1日、ＮＨＫは放送番組の常時同時配信と見逃し配信のふたつのサービスを目玉とする「ＮＨＫプラス」を始めた。私たち民放は、ＮＨＫが行うネット事業に危機感を募らせ、こう批判した。

「受信料は放送を視ている人たちから徴収しているのであり、それが賄うべきは放送に限られるのではないか。放送の枠を超える新たな事業への受信料使用は、私たち『民業』を圧迫することにならないだろうか」

さらにこうも訝った。

「ＮＨＫがネット配信を行う理由は、テレビを視ず、携帯電話などでネット動画を視る人々から、新たな受信料徴収の方策を考えているからではないか」

ＮＨＫが公共放送から公共メディア、とりわけインターネット事業も包括するメディアに変貌することをよしとするか、その活動に受信料を充てることをよしとするかは、国民、国会の議論を待つしかない。また、ＮＨＫのネット配信が新たな受信料対策であるか否かは明らかでない。しかし、私たちはNHKに引き摺られることを恐れていた。

その一方で私たちは理解もしていた。それは、世間の常識やメディアの利用に変化が訪れていることだ。それに応じなければ、この先、生き残れないということだった。若い世代にとって、小さなスマホ画面でテレビを視聴することには何の違和感もなかった。そう。時代はデジタルネイティブの時代になっていた。

その結果、前出のように民放各局は2022年、「リアルタイム配信（同時配信）」の導入に踏み切った。NHKに遅れること2年である。それはまた、思案の2年でもあった。若者が創り出す「未来のデファクトスタンダード」のひとつにリアルタイム配信も入るのならば、私たち民放も変わらなければならない。その切迫した思いが、「タブー」とされたキー局のリアルタイム配信を後押しした。

「テレビで視られるものをネットでも」というサービスが始まった。果たしてそのサービスが世のニーズにマッチするのかどうか、まだ判然としない。しかし、テレビは挫けない。次代に生き残るために様々なトライアルを続けるしかないのだ。

「未来からやってくる若者たち」にテレビを意識させ、テレビを終わらせないためだ。未来のテレビは若者たちにとって必ずや有意なものになるのだから。

本当にオワコンなのか？

かつてテレビは「メディアの覇者」だった。そのテレビは今や覇者の座をインターネットに奪われ、あまつさえネットに追随するようなサービスの開拓に腐心しているようにみえる。

日本中の視聴者を沸かせたテレビ番組は確かに減った。リビングの真ん中に鎮座し、紛れもない「家族の一員」だったテレビの影は薄くなった。「オワコン」、終わったコンテンツなどと揶揄《やゆ》する向きもある。しかし、思う。テレビは本当に終わったと言い切れるのだろうか。

インターネットが「メディアの覇者」になったと喧伝されるのは、一義的には広告媒体としての売り上げがトップに躍り出たということに過ぎない。メディアの持つ特性や機能、社会に貢献する力においてインターネットが他メディア全てを凌駕したというわけではない。

新聞やテレビなどマスメディアにはマスメディアにしか体現できない役割があると思う。これからの日本においてもマスメディアがやれること、やるべきことは数多《あまた》あると考えている。テレビは終わってなどいられないのだ。

しかし、そうした思いや考えを貫くためには、テレビはテレビを事業として成立させ続けなければならない。理想を掲げているだけでは駄目だ。霞を食って暮らせるのは仙人だけだ。

テレビを将来に亘り事業として成立させること。それはテレビに関わる人間、特にテレビ経営に携わるものにとって焦眉の急だ。そんなことを考えながら本書を書き綴った。

序章では、昨今のインターネットの趨勢と、テレビの奮闘ぶりについて触れた。次章から暫く、日本でのテレビの歩み、特に「百花繚乱」だったテレビ無双の時代などを振り返りたい。それによって、読者が近未来にも想定される「テレビ局再編」という現象により理解を深めていただければ幸いである。

テレビは、その「百花繚乱」の時代を経てデジタルの時代に突入し、そこで新興メディアのインターネットと出会い、競合・融合を重ねながら、自らの在りようを再確認していくことになる。

第1章　成熟の汎テレビ時代　1980〜90年代

パクス・テレビーナ

紀元前1世紀から200年間、欧州世界の平和は、強大なローマ帝国によって守られた。汎ローマ（パクス・ロマーナ）である。そして、第2次世界大戦後から1960年代以降は、アメリカが世界をリードし、その秩序を保ってきた。汎アメリカ（パクス・アメリカーナ）の時代だ。このアナロジー（類推）を私たちメディアの世界に当てはめるならば、メディアの秩序を「新聞」が担ってきた時代に続いて、80年代以降は「テレビ」がメディア業界の主導的役割を果たしてきた。私はそれは「汎テレビ」、パクス・テレビーナの時代だったと思う。

この時代、言論界における新聞・雑誌の力は決して衰えてはいなかったが、広告媒体としてのテレビは「2兆円産業」にまで成長して「メディアの王様」となった。

それは未来永劫続くかのように思えた。何故ならば、テレビが持つ、強力なメディア・パワー、「リーチ（到達）力」「コンテンツ力」、そしてメディアとしての特性である「同報性」「即時性」「広域性」はテレビをおいて他に並び立つものがいなかったからである。テレビは最強のメディアといえた。

この章では、そんなテレビ全盛の時代を物語りたい。特に80年代はメディアの首座に地上テレビが座る一方、その周囲を衛星放送などが固める、ニューメディアの時代だった。

そこにはまだ、インターネットは登場していない。テレビ無双の時代だった。私にとってはテレビの世界に入ってまだ間もない、懐かしい時代でもある。

1953年が「テレビ」元年

テレビが日本で放送を開始したのは、1953年のことである。先の大戦が終わってから8年。当時の日本は戦後の混乱が依然色濃く、GHQは前年に廃止されたものの、占領政策の余韻は社会のいたるところに残っていた。

正力松太郎氏が創設した日本テレビ放送網（以下、日本テレビ）は52年7月末に日本初のテレビ予備免許を獲得した。この予備免許獲得でNHKは日本テレビの後塵を拝した。

NHKは日本テレビに遅れること5か月後に予備免許を獲得。急ピッチで放送開始の準備を進め、翌53年2月1日にテレビ本放送を開始した。NHKの面目躍如だった。

この間、日本テレビは放送機材の準備に時間と手間を要し、その結果、同年8月28日にようやく日本初の民放テレビ局として本放送を開始した。NHKと日本テレビが放送を開始したこの年こそが「テレビ元年」と言われている。70年余り前のことである。

開局当初の人気番組は、プロレスやプロ野球の中継だった。テレビ受像機は高価で当時の一般家庭には手が出ない代物だったが、正力氏が指示したとされる「街頭テレビ」によって、娯楽に飢えていた庶民たちは瞬く間にその魅力に取りつかれていった。街頭テレビは当初、都内や近郊53か所に置かれ、人々はそこに群がるように集まった。可視化されたその爆発的な人気を、広告スポンサーたちも認め、テレビは開始早々に多くのスポンサーを獲得し、赤字必至といわれたテレビ経営は着実に成長を続けていった。

日本テレビの開局に続いて、TBSやフジテレビも開局する。放送時間を埋めるために「スーパーマン」や「名犬ラッシー」などアメリカのテレビドラマが数多く輸入された。これらは日本語に吹き替えられたが、仕組みを知らない庶民たちは「この外人さん、日本語が上手だなあ」と感心した。テレビ草創期の定番の笑い話である。国産ドラマも制作されていく。中でもＴＢＳのドラマは秀逸で「東芝日曜劇場」が１９５６年にスタートした。この放送枠では数々の名作、ヒット作が生まれ、伝統的なドラマ枠となる。「半沢直樹」もこの枠だ。

テレビ時代の到来に期待して郵政省（現・総務省）には全国各地からテレビ免許の出願が殺到した。「儲かる話」にいち早く乗りたいと思うのは、いつの時代も同じである。膨大な出願調整は、地方の名士や実業家を説き伏せ、利害が絡み合う業者を合従連衡させ、「免許」を一本化するものだったが、当然ながら難航を極めた。その局面で登場したのが、57年7月に就任したばかりの39歳の若き郵政大臣、田中角栄氏だった。彼の指揮の下で大胆な利害調整が進められ、同年10月には大量の免許交付が実現した。この免許交付によって地方民放36局が開局し、全国津々浦々までテレビが広がっていく。民放連（日本民間放送連盟）に現在加盟する地上民放テレビは１２７局であるが、田中電波行政がその基礎を固めたといっても過言ではない。

１９５９年の「皇太子ご成婚」は、終戦後の日本にひとつの区切りを与え、新時代の日本を想起させる祝祭となった。それは同時にテレビメディアに飛躍の機会を与えた。クライマックスの馬車パレードにはテレビ開始以来、最大規模の中継体制が敷かれ、沿道の53万人に加えて全国1500万の人々がテレビでそのシーンを視た。これをきっかけに「新・三種の神器」であるテレビ受像機が爆発的に普及していくことになる。

高度成長期にはテレビも高度成長を遂げていった。1964年、東京オリンピックが開催された。その五輪映像は衛星を使って全世界に中継され、放送のカラー化も進められた。

1970年代、日本万国博覧会、札幌オリンピックなどの国家的イベントを経て、72年に発生した「連合赤軍・あさま山荘立て籠もり事件」でNHK、民放共に9時間の現場生中継が行われ、全国の視聴者がテレビに釘付けになった。ドラマはホームドラマ全盛の時代となり、バラエティではザ・ドリフターズの「8時だョ！全員集合」が高視聴率番組として週末の夜を独占した。実際、テレビは面白かった。テレビは何でも叶う「魔法の箱」だった。生粋の「テレビっ子」だった私たちにとってテレビは家族の一員だった。

マスプロダクト（大量生産）の時代に合致したテレビというマスメディアは時代の寵児となる。この頃には先述した「リーチ力」「コンテンツ力」は既に完成している。「パクス・テレビーナ」、1980年代にテレビは成熟の時を迎え、地上放送に加えてその周辺に新たな可能性を拓き始めた。それらは「ニューメディア」と呼ばれた。そして、メディアは百花繚乱となる。テレビを使った多メディア多チャンネルの時代が到来した。

顧みれば、あの時代のテレビの地位に今、インターネットが就いている。「ニューメディア」同様に様々なネット事業が溢れている。そんなアナロジーを感じる。80年代の「成熟したテレビ」。私自身のメディア担当としての原点の時代でもある。

ニューメディアの時代

１９８０年代前半、高度経済成長と日本型経営を評価する『ジャパン・アズ・ナンバーワン』（エズラ・ヴォーゲル著　１９７９年）に代表されるように、この時代の日本は好景気の時を迎え、鼻息も荒かった。時の中曽根康弘首相は、「戦後政治の総決算」を掲げ、規制緩和、３公社民営化などの内政と、日米関係強化といった外交を積極的に進めていた。

未来学者アルビン・トフラーが『第三の波』（１９８０年）を発表したのもこの頃だ。この中で通信とコンピュータによる情報化社会の到来が予言されている。デジタルという言葉が初めて使われた。電電公社（現・ＮＴＴ）は「ＩＮＳ」と称する大容量で高速な通信網の実現を目指していた。コンピュータは、ＩＢＭなどのメインフレームが主たる時代で、パーソナル・コンピュータ、パソコンが登場する「前夜」だった。

そして、パクス・テレビーナを象徴する「ニューメディア」の時代が到来した。

私はこの頃、日本テレビ総合計画室等に勤務し、新しいメディアの調査・研究を進めていた。そして、日本テレビ系列で結成されたアメリカ・ニューメディア調査団に参画する機会を得た。

「アメリカで流行ったものは、その後に日本でも必ず流行る」

当時、そう喧伝されていた。私たちはアメリカで成功を遂げた「ニューメディア」を探し出し、自分たちの経営にいち早く生かそうと考えた。所謂、「タイムマシン経営」である。その時見出されたものが、多チャンネルの都市型ケーブルテレビと通信衛星だった。

ケーブル網とヘッドエンド（受送信設備）を所有するケーブルテレビ局「ケーブル・システム・オペレーター」。それを全米各地に複数所有する事業者「ＭＳＯ（マルチ・システム・オペレーター）」はケーブルテレビ事業に「規模の経済」をもたらしていた。また、当時の最先端技術だった「通信衛星」を使った番組供給事業者「プログラム・サプライヤー」は、ドラマや映画専門、ニュースや天気専門といった、様々な専門チャンネルを独自編成して全米各地のケーブル局に宇宙から番組を一斉送信した。このハード部門である「システム・オペレーター」とソフト部門の「サプライヤー」というふたつの事業者がケーブルテレビ事業の両輪となった。両輪は分離・独立していて、いわゆる「ハード・ソフトの分離」が行われていた。この「ハード・ソフト分離」のコンセプトはその後、私たちの放送に少なくない影響を与えていくことになるが、それについては後述したい。

都市型ケーブルテレビ

多チャンネルの都市型ケーブルテレビは80年代の日本でも急速に普及していく。普及を推し進めたのは、資本力のある商社や鉄道等だったが、やがてそれらは商社資本による「ＪＣＯＭ系」に収斂《しゅうれん》されていく。そして、ＪＣＯＭ系は「マルチ・システム・オペレーター」のガリバーへと成長していく。都市部を中心に発展したガリバーＪＣＯＭ系に対して、地方には地元資本による「独立系」ケーブルテレビ局も存在している。彼らも通信衛星による番組供給によって80年代に多チャンネル化していった。

現在、日本全国のケーブル局は504局ある。2020年の都市型ケーブルテレビの普及率は52・3％。加入世帯は3091万世帯。「2軒に1軒」が加入しているとされる。同年のケーブルテレビ総売上高は5006億円。成功したニューメディアの事例だ。

多チャンネルでニューメディアの花形となった都市型ケーブルテレビだったが、そこにはなくてはならないものがあった。それは専門チャンネルではなく、地上テレビ放送だった。ケーブル局は地上テレビ放送の再送信（のち再放送と呼称）許可を求めて地元テレビ局に日参した。ニューメディアにあっても「パクス・テレビーナ」の主役、地上テレビが厳然と存在していた。

余談だが、私たちのアメリカ調査団の「遺産」は、プログラム・サプライヤー事業としてのニュース専門チャンネル「ｎｃｎ」（現・日テレＮＥＷＳ24）である。そのプロトタイプは1985年の科学万博で披露された。システム・オペレーター事業には多額の投資資金を要したため、そこに大きく踏み込むことはなかった。そして、放送局のコンピテンシー（優れた行動特性）である「コンテンツ制作力」を活かしたプログラム・サプライヤーへの道は合理的な選択だったといまも思う。その経営判断は今日のネット事業への対応でも生かされている。

通信衛星

アメリカで流行っていた「通信衛星」も日本のニューメディアに大きく関わっていく。CSとBSという二つの衛星放送が立ち上がったのも1980年代のことである。

CS（通信衛星）放送は、アメリカに倣った日本の「通信の自由化」で生まれたものだ。1985年、日本で電気通信事業が自由化され、電電公社はNTTに民営化された。新たな事業機会を求めて四つの商社（伊藤忠商事、住友商事、三井物産、日商岩井［現・双日］）が「日本通信衛星（JSAT）」社を作り、三菱商事が「宇宙通信（SCC）」社を作った。ソニーも「サテライトジャパン」社を作ったが、国による調整で速やかに「JSAT」と合併した。

JSAT社とSCC社は89年に衛星を打ち上げてサービスを開始した。同年2月に郵政省は、番組編成を行うソフト事業者を「委託放送事業者」、設備を所有・運用するハード事業者を「受託放送事業者」とする法改正を行い、衛星放送に「ハード・ソフト分離」制度を導入している。この制度は、地上放送が従来採ってきた「ハード・ソフト一致」とは異なり、衛星放送市場にソフト事業者が自由に「参入・退出」することを促すのが目的だった。それは先述の、ケーブルテレビのハード部門とソフト部門の分離ともつながる考え方だ。

ＪＳＡＴ社とＳＣＣ社はそれぞれ受託放送事業者（ハード）免許を獲得。また、委託放送事業者（ソフト）には、ＣＮＮ、スターチャンネル、スポーツ・アイ、ＭＴＶ、スペースシャワーＴＶ、衛星劇場の6事業者が手を挙げ、認定された。受・委託双方の事業者が出揃ったところで、日本のＣＳ放送が始まった。そして、分離したハードとソフトをつなぐ仕組みとして初めて登場したのが「プラットフォーム」という事業だった。

96年10月に誕生した「パーフェクＴＶ」は日本最初の衛星放送プラットフォームだった。インターネット事業のプラットフォームが話題になる10年近く前に衛星放送事業でプラットフォームが現れていたことになる。「パーフェクＴＶ」は13本の中継器（トランスポンダー）を用意し、53チャンネルのテレビ放送と4チャンネルのラジオ放送を実施した。このパーフェクＴＶに続いて、「ディレクＴＶ」「ＪスカイＢ」といったプラットフォームも生まれたが、3社は並び立たず、最終的には有料衛星放送プラットフォームは統廃合され、「スカパー！」となる。ＣＳ業界唯一にして絶対的な「ガリバー」プラットフォームがここに誕生した。

多メディア多チャンネル

この成長企業「スカパー！」がその事業のさらなる拡大を目指し、「乾坤一擲《けんこんいってき》」の思いで仕掛けた戦略が忘れられない。

２００２年のサッカーワールドカップ「日韓大会」全64試合をなんとスカパーは推定放送権料１３５億円で独占放送しようと試みたのだ。壮大な「顧客囲い込み」作戦だった。しかし、この作戦は、ユニバーサル・アクセス権（全ての人が自由に情報に接することが出来る権利）という世界の趨勢によって中断を余儀なくされ、最終的にはＮＨＫと民放によるＪＣ（ジャパン・コンソーシアム）に40試合を開放することで落着した。そんな経緯ではあるが、成長企業が短期の負債を覚悟して「市場シェア」を確保しようという経営手法は、成熟した事業者には出来ない、ワクワクする「冒険」だった。その戦略・手法は22年のサッカーワールドカップ・カタール大会においてＡＢＥＭＡにも引き継がれていたようだ。

２００８年、「スカパー！」を運営するスカイパーフェクト・コミュニケーションズ社は、通信衛星会社のＪＳＡＴ社、ＳＣＣ社と合併して「スカパーＪＳＡＴ」社となった。同社は日本の通信衛星事業を代表する会社となり、「スカパー!」は同社のCS放送事業部門になった。このあたりの大胆な統廃合は通信衛星事業ならではのものといえようか。

ニューメディアと言われた、都市型ケーブルテレビと通信衛星による放送事業。それがもたらしてくれたのは、「多メディア多チャンネル」だった。それは地上テレビ放送と一緒にテレビの繁栄を謳歌した。そして、2000年代。彼らと競合し始めたのが、ネット配信だった。国内のネット配信に加え、「黒船」とまで言われた「ネットフリックス」「アマゾン・プライム」など外資系ネット配信が日本に上陸する事態にいたって、ケーブルテレビもスカパーも厳しい局面に立たされていくことになる。その影響の大きさは「有料」というビジネスモデル故に、地上テレビ放送よりも先行したものだったようだ。

BSデジタル放送

通信衛星ではなく、放送衛星を使ったBSが動き始めたのも1980年代だ。これも「パクス・テレビーナ」の中で生まれ育ったニューメディアだった。

ＢＳ放送は１９８４年５月にＮＨＫがＢＳ１波で試験放送を開始した。２年後に２波となり、89年にこの２波は「本放送」と認められた。受信料徴収も開始された。

こうしたＮＨＫの動きに対して、財界を中心に「民間衛星放送」への機運が高まり、経団連主導の「日本衛星放送（ＪＳＢ）」が誕生した。84年12月のことだ。しかし、会社は出来たものの放送は一向に始まらず、本放送まで７年の長い歳月を待たねばならなかった。

このＪＳＢが後の「ＷＯＷＯＷ」である。それでも90年代には、ＮＨＫとＪＳＢによる３波のＢＳ放送（アナログ）が行われ、この放送も少しずつ世間に認知されていった。それはＢＳ揺籃の時代でもあった。

90年代後半、次世代放送衛星の打ち上げが話題になる頃、在京民放各局はＢＳ免許を狙って喧《かまびす》しくなる。ＢＳアナログ市場は既にＮＨＫとＪＳＢが少しずつ開拓してくれている。在京民放はその市場に効率よく参入し、そこで少ないリスクで新しい放送を始めたいと考えていた。その目論見を呆気《あっけ》なく覆したのが、ＢＳ放送のデジタル化だった。

「世界の放送の趨勢はアナログからデジタルに移りつつある」

郵政省高官が発した一言で、事態は大きく変わった。結局、ＢＳのデジタル化は業界暗黙の了解事項となり、在京民放各社は新たな戦略の練り直しに躍起となっていく。

こうした中で、在京キー局の動きに警戒感を強めていったのが、地方局だった。BSが僅か1波で全国をカバーできるという利点は、地上放送の全国ネットワークと相容れないコペルニクス的転回であり、シンプルながらも力強い「メガ・メディア」の誕生が予感された。BSの潜在力を地方局はこぞって忌避し、怯えた。その構図は、インターネットによる動画配信でキー局がネットワークを介さず番組を全国配信する構図と同じだ。ビジネス・スキームの崩壊が懸念された。

主要エネルギーが石炭から石油に移行したエネルギー革命になぞらえ、キー局が衛星に移行してしまえば、地方局は田舎で黙々と煙（電波）を上げ、細々と炭を焼く小屋になってしまうという「地方局、炭焼き小屋論」が喧伝された。別の観点からBSデジタルが活況を呈すれば、それが地上テレビの視聴率を棄損し、広告収入も奪われてしまうのではないか。そうした不安も浮かんだ。こうした流れもまた、ネット動画配信で視聴率が棄損されるばかりか、広告費も奪われるのではないかと地方局が懸念する昨今の状況と似たところがあると思う。

伸び悩んだ広告収入

デジタル化によって同じ周波数帯でもアナログの倍のチャンネルが取れる。BSデジタルは2000年の放送開始と8チャンネルのハイビジョン放送が決定された。8チャンネルの内訳は、NHK2、WOWOW1、そして、在京キー局系5である。

2000年12月1日、BSデジタル放送は、在京キー局、地方局、視聴者、株主、スポンサー、総務省など様々なステーク・ホルダーたちの思い溢れる中で放送が始められた。NHKは受信料、WOWOWは有料課金、在京キー局系民放は無料広告放送という3種類のビジネス・スキームが混在した日本独特の放送サービスとなった。

私もBS日テレのスタートアップ要員として20あまりの番組の編成と制作を預かり、営業にも参画した。一人二役は当たり前。一人何役も受け持って初めて会社が回る、極めて少人数による新メディアの立ち上げだったことを記憶している。それでも放送開始直後の現場は賑やかで、デジタル放送の未来が楽しく語られていた。開局直後の2001年3月期のBS日テレの決算数字は「黒字」だった。「ご祝儀」広告もあったが、初年度の2000年度と次年度2001年度の経営は順調に推移していた。在京民放系BS各局の決算も制作費への資金投入加減で一律ではなかったが、一様に成長性が感じられ、概ね良好だった。

この時期にはBS各局の横のつながりも活発だった。視聴率や営業成績をシビアに競い合う段階にはまだ至っていない、星雲状態のような時代だった。同時一斉開局の日程やBS普及キャンペーン、B-CASカードの運用策などBSデジタル共通の課題について、開局前後の期間にはBS各局のメンバーが一堂に会しては協議を続けていた。編成・営業など実務面では部課長クラスのキー局出向者が集まり、意見交換もにぎやかだった。その関係は、「地上デジタル」開始でも続く。自称「デジタル・マフィア」の始まりの始まりだった。

そうした開局当時の楽しい時代は長くは続かなかった。放送開始から2年を過ぎた頃からBSデジタルにとっては苦難の時代が始まる。番組の質こそキー局の有形無形の支援で保っていたが、スポンサーからの広告収入が伸び悩んだ。制作予算が賄えず、BS局は資本金を食い潰し始めた。BSテレビの普及が思ったほど進まなかったのだ。開局当初の勢いは少しずつ削がれ、地方局があれほど騒いだ「炭焼き小屋論」もいつしか雲散霧消した。

通販番組への批判と「神風」

ＢＳに「通販番組」が溢れたのもこの頃だ。番組が持ち込まれ、放送枠料を丸々貰えた。手軽な収入源とはなったが、ＢＳオリジナルの番組は減り、ＢＳは明らかに劣化を始めた。

そして、すでにＢＳ視聴を始めていた人たちからは批判の声が上がり始めていた。当時の朝日新聞に痛烈なＢＳ批判記事が載った。記事の中でＢＳでの過剰なまでの通販番組の放送量がデータをもって示されていた。批判記事の背景には、地上放送に次ぐ全国放送として始められたＢＳに対する期待もあったのだろう。それが僅か数年で失速したことに対する失望の表れだと思った。こうした流れを所管官庁の総務省も看過できなくなった。

総務省はＢＳ民放から聴き取り調査を行い、通販番組に一定の量的制限を課した。この「指導」は正論だったが、それでＢＳの収益が上がる訳ではない。むしろそれは経営を圧迫した。収入は伸びない。経費は掛かる。頼みの綱だった「通販」は封じ込められた。

ＢＳの失速は続いた。ＢＳはメディアとしての「軌道」を外れ、墜ちてしまうのではないか。そんな局が出てきてもおかしくない状況が続いた。否、果たして彼らは復活した。

ＢＳデジタル復活劇の狼煙《のろし》は「地デジ化」だった。２００３年から始まった地上放送のデジタル化は、地デジ、ＢＳ、ＣＳの３メディア内蔵チューナーの販売を促し、地デジテレビの普及と歩を合わせてＢＳデジタルも自然普及した。デジタルテレビは、「エコポイント」など国を挙げてのキャンペーンで飛躍的に普及した。それによってＢＳ視聴可能世帯もうなぎ登りに増えていった。私は地デジとＢＳの普及台数を月に一度、手帳に書き込み、その伸び具合にほくそ笑んでいた。それは「神風」だった。

２０１９年のＢＳ世帯普及率は77・１％。ＢＳ視聴可能世帯は４５１２万世帯となった。ＢＳは堂々の「メガ・メディア」へと成長した。放送開始から20余年を経て、経営も安定し、国民の間にも定着した。ＢＳハイビジョンと並行してＢＳ４Ｋの電波を預かり、超高精細４Ｋ放送も実施している。その切磋琢磨ぶりは称賛に値すると思う。ＢＳはパクス・テレビーナを彩り、ニューメディアからメガ・メディアに成長したテレビ・ファミリーの一員だった。

垂直統合と水平分離

１９８０年代から90年代にかけてテレビは成熟し、多メディア多チャンネル時代を迎えた。その間、放送行政を司る総務省は「黒子」のように放送法や電波法、有線テレビ法などの法改正を進め、次代の放送行政に向けて確実な布石を打っていった。そのひとつが「ハード・ソフトの分離」制度だった。ケーブルテレビやCS放送で一足早く導入されたこの制度の考え方を、この章の最後にもう一度、おさらいしておきたい。「ハード・ソフト一致」と「ハード・ソフト分離」。これは「垂直統合」と「水平分離」という考え方に言い換えられる。

地上放送は「ハード・ソフト一致」原則を頑なに守ってきた。しかし、総務省はケーブルテレビや衛星放送に「ハード・ソフト分離」を導入したように「水平分離」あるいは「レイヤー論」（階層論）の誘導に傾斜していった。それは「放送」の意味を広げ、通信との融合を容易にする方策のひとつだったからだ。

竹中懇（２００６年）を経て、総務省の「水平分離」の考え方はさらに強まった。そこには、テレビとネットを融合させる「情報通信法」制定の目論見があったとされる。衛星放送では実現済みの「水平分離」を放送の本丸、地上放送に持ち込み、ネットと融合する糸口を探ろうとしたとされる。しかし、地上放送事業者は「垂直統合」を譲らず、総務省との激論は長く続くことになった。

地上放送事業者が「垂直統合」にこだわる理由は明快だった。「垂直統合」こそが「力の源泉」であり、テレビの求心力を保つものであると信じて疑わなかったからだ。番組を制作する。それだけで終わらず、視聴者に直接、送り届ける。放送の最初から最後まで責任を持って実現する「一気通貫」こそが、テレビが持つ特性である「同報性」「即時性」「広域性」を担保し、メディア・パワーである「リーチ力」「コンテンツ力」を生み出すものと考えていた。この「一気通貫」は放送の品質にも、安全・安心にも通じていた。だからこそ、視聴者がテレビを信頼し、期待してくれるものと信じた。

「ハード・ソフト一致」「垂直統合」にこだわる地上放送事業者と、「ハード・ソフト分離」「水平分離」の政策を進めたい総務省。その溝は埋まらなかった。

パクス・テレビーナの時代に萌芽があった「ハード・ソフト分離」はその後、長く放送業界の議論の対象になる。時計を少しだけ先に進めるならば、次章「デジタルの時代」に入って総務省は一旦、議論の矛を収め、「情報通信法」を見送った。そして、従来の放送法等を組み換え、まとめ直す形で「60年ぶりの大改正」と言われた放送法改正を２０１０年に行った。この中で「放送」は「公衆によって直接受信されることを目的とする電気通信の送信」と再定義され、必ずしも「電波」に紐づけられない考えが盛り込まれた。そこには、いつか伝送路に縛られない「放送と通信の融合」を実現したい、総務省の意思が滲んでいた。

免許制度は、改正法で「ハード・ソフト分離」免許に原則、変更された。但し、現在の地上放送事業者に配慮して「ハード・ソフト一致」免許を任意選択できる「特例」も設けられた。特例の選択者は、「特定地上基幹放送」と名付けられる。わざわざ「特定」の冠を被せるあたりに総務省の意図が感じられる。今日、この「ハード・ソフト分離」免許が当初の「ネット融合」のためではなく、地方局救済のための制度として改めて注目されている。ハードを分離し、その負担を軽減して放送局が生き残りを図るというものだ。後述するが、それは「テレビ局再編」のひとつの形となり得るものだ。そのことも是非、留意しておいてほしい。

パクス・テレビーナ、成熟の汎テレビ時代。１９８０年代から90年代を総括するならば、基幹放送・地上テレビのメディアとしての「王座」は揺るがなかった。とりわけ、ニューメディアの時代には、衛星放送やケーブルテレビという自由闊達な多メディア多チャンネルが加わり、テレビメディアの世界は百花繚乱の華やかさと豊かさを誇った。

しかし、90年代に入って「成熟の汎テレビ時代」は少しずつ終わりに向かっていく。テレビだけで閉じていた映像の世界は開かれ、混沌とした時代がやって来ようとしていた。

世界を変えるのは、「バカモノ」「ワカモノ」「ヨソモノ」と言われる。

汎テレビ時代を揺るがし、変えていったのは、通信とコンピュータの世界からやって来た「ヨソモノ」であり、「ワカモノ」のインターネットだった。

第2章　デジタルの時代　2000〜2010年代

地デジ化

2000年代に入って「パクス・テレビーナ（汎テレビ）」は、内実を変化させていく。その証左として民放連・放送計画委員会の主要テーマを時系列で眺めると分かり易い。放送計画委員会は、業界団体である民放連の中で「放送制度」や「行政の動き」などを扱う委員会だ。そこでは放送事業者の「一歩先を行く」テーマが検討・研究されていたからだ。

1997年のテーマは、「地上放送のデジタル化」「BSデジタルの制度」「CSデジタルの多チャンネル化」だった。パクス・テレビーナ後半期の地上放送、衛星放送のデジタル化が語られ始めていた。この頃、「放送と通信の融合」というテーマも俎上《そじょう》に載せられている。

5年後の2002年になると放送計画委員会は「デジタル」に対してさらに踏み込ん

でいる。「デジタル時代の放送制度」「NHKとインターネット」「放送と通信の境界領域」等が議論の主要テーマになっていた。「デジタル」と「インターネット」が並立して語られる時代に入っていたためだ。そして、放送業界は「パクス・テレビーナ」が「パクス・インターネット」に移り変わろうとする時代の気配を感じ、ネットを意識し始めていた。

そうした中で、地デジ化が始まった。

「放送のデジタル化は世界の潮流」という郵政省高官の発言は、放送業界に浸透していた。1996年のCSデジタル放送、2000年のBSデジタル放送、しんがりは2003年の地上デジタル放送である。地デジ化は国の制度による「国策」だった。テレビ局に異論があろうとも是非に及ばず。地上テレビ放送は全国のデジタル化に向けて邁進していくことになる。

地デジ化に先立ち、郵政省は地上デジタル放送の「チャンネルプラン」(電波割り当て計画)を決め、それと合わせて地デジ化移行時の混信対策として「アナログ周波数変更対策」を策定した。これには1800億円もの費用が掛かることが試算で判明したが、国はこれを国費で賄うことを決め、原資に「電波利用料」が充てられた。

本格的な全国地デジ化作業を迎えて、国は新たに「全国地上デジタル放送推進協議会」「地上デジタル推進全国会議」「一般社団法人　地上デジタル放送推進協会（D－pa）」を発足させ、法定の「2011年7月24日」を期日とする、地上放送のアナログ終了・デジタル完全移行を進めていくことになる。

総額1兆円超の投資

そうした国の方針に対して放送事業者が諸手を挙げて歓迎していたとは言い難い。国から免許を付与された放送事業者が国の方針に抗うのは難しい。しかし、NHKと民放に総額1兆円を超えるデジタル投資を強いる「全国地デジ化」が、全国の放送局にとって新たな収入を生む投資になるかといえば、そうではなかった。

日本経済はバブル崩壊後の「失われた10年」の時代に入っていた。97年にアジア通貨危機が起き、国内では北海道拓殖銀行や山一證券が破綻する金融不安も生じていた。景気は必ずしも好調とは言えなかった。逆風の中で放送局の経営者たちは頭を悩ませていた。

現行放送に必要なアナログ放送設備は投資後の償却がまだ終わっていない。ここでデジタル投資を行えば、「二重投資」のロスが生まれる。そこまでしてデジタル放送に移行しても、その放送が新たに提供する「ハイビジョン」「データ放送」「ワンセグ」といったサービスに、広告スポンサーたちがプラスアルファの広告費を支払うとは到底考えられない。どう考えても先の見通しは暗かった。地方局によっては決死の覚悟でこの難問に臨んでいた。そんな記憶も生々しい。

2024年現在、地デジ化を俯瞰すれば、それは正しい選択だったと言えるだろう。世の中でこれだけデジタル化が進む中で、もしも放送局がアナログに固執し続けていれば、それは「前世紀の遺物」になっていただろう。地デジ化の英断は放送界に一足早い「DX（デジタルトランスフォーメーション）」をもたらしていた。コンテンツ制作においてもその効果は計り知れない。

その一方で、地デジ化は放送局経営、特に地方局にとって大きなインパクトだった。そのインパクトから早期に回復した局もあれば、長年にわたって影響を受けた局もある。各局の経営体力によって、まだら模様のようにまちまちだが、経営史に残るものとなった。そして、デジタルの申し子ともいえる、インターネットとの接近もこの頃から始まる。それらに鑑みれば、「地デジ化」は大きな転機を放送に与えたものといえよう。

デジタル・マフィア

2002年、出向先のBS日テレから帰任した私は、日本テレビ編成部のデジタル戦略担当となり、地上デジタルの準備に追われた。前項同様、この時期の社内の空気はデジタル化に対して一向に盛り上がらなかった。いくら「国策」と連呼されても局内の現場にピンとくるものはなかった。彼らは明日のことより今日のこと、現行アナログ放送での熾烈な視聴率競争に勝ち抜くことに精いっぱいで、異次元の「デジタル化」を唱える私は完全なマイノリティだった。

制作現場はデジタルに腰が重かった。私は現場に足を運び、「ハイビジョン」について説明をした。画質が極めて良くなること、画角（画面の横と縦の比率）が4対3から16対9に変わることなどを伝えるが、それらは「視聴率」には何ら貢献しない。彼らにとって最も気になる喫緊の課題、「視聴率アップ」にとってそれらはなんの役にも立たない話だった。関心は当然、集まらなかった。

当時の私たちデジタル担当が「ピュア・ハイビジョン」と名付けた、撮影から編集、そして放送にいたるまでの全ての工程にハイビジョン機材・設備を用い、番組を完全無欠なハイビジョン作品に仕上げる試みは、時間とコストの両面から現場には全く相手にされなかった。

彼らがハイビジョンという課題を先送りしても気にならなかった理由がもうひとつある。「アップコン」と呼ばれる工程だ。「アップコン」、アップコンバートは、電気的な処理を施すことで標準テレビの走査線525本をハイビジョン走査線の1125本に変換できる。これで番組は「ハイビジョン擬《もど》き」になった。しかし、これは本当のハイビジョンではない。アップコンまでの制作工程は全て標準テレビの工程であり、その画質は通常画質（標準規格、SD〔Standard Definition〕）だ。ハイビジョンの高精細度画質とは根本的に違う。「アップコン」でハイビジョン「擬き」を作り出しても、本来の画質が標準なのだから、それが高精細度に変わることはないのだ。しかし、日々の業務に追われる制作者たちにとってはそれで十分だった。なんの不都合もなかったのだから。

アナログ・テレビ受像機が当面、世の中のテレビの大多数である以上、慌てて高精細度映像を制作する必要はなかった。16対9の画角で画面づくりをすれば、4対3の標準テレビでは両脇が切れてしまう。16対9でも4対3でも見られる中間的な画面づくりに神経を使うことは制作スタッフにとっては新たなストレスにもなる。結局、現場にピュア・ハイビジョンへの制作欲求は湧かなかった。それでも私は諦めず、「ハイビジョン制作は数年以内に番組制作の主流になります」と強調し続けるしかなかった。それは空しきハイビジョン伝道師だった。でも、それが私の仕事だった。

私は一計を案じ、編成局幹部への直訴でハイビジョン制作のための「トライアル予算」を認めてもらった。そして、制作担当者にこれをアピールした。ハイビジョンは視聴率には貢献しないが、制作費の増額にはなる。慢性的な制作費不足に悩む現場にとってこの追加予算は魅力的だ。ドラマ班がこれに食指を動かしてくれた。ワンクール10本のドラマがひとつだけハイビジョンで制作されることになったが、それはあくまでトライアルだった。あとに続く番組はなかなか現れず、日テレ内のハイビジョン化は遅々として進まなかった。

こうした状況は、在京キー局ではいずこも同じだった。

「おたくもそうですか」

民放連などの場で出会った、各局のデジタル担当者たちは思わず、声を上げて共感した。「笛吹けど踊らず」の悩みは各局担当共通のものだった。私たちは局の垣根を越えてすぐに仲良くなった。局内ではマイノリティだったが、局外には仲間がいた。一人ではなかった。

「We are not alone」だ。

同じ悩みを持つマイノリティの団結は固い。地デジ化が国策であることから、マイノリティには総務省地上放送課の担当者も加わることになる。「親方日の丸」頼り。あまり好きな表現ではないが、贅沢は言えない。事実、彼らは強力な同志となってくれたのだから。

前述した「地上デジタル推進全国会議」「地上デジタル放送推進協議会」「D－pa・地上デジタル放送推進協議会」等々似たような名前の会議が雨後の筍のようにいくつも立ち上がった。それらは構成員や目標などで微妙に差異があったが、地デジの推進という目標ではいずれも同じだった。

いくつもの会議に在京テレビ局のメディア部門や技術部門の担当者が集まった。放送局の内部、とりわけ制作現場とは全く別の次元で国策「地デジ化」が進められていった。その推進役である私たちは、自嘲も込めて自らを「デジタル・マフィア」と呼んだ。雲の上にいた民放連会長たちの大きさに比べれば、私たちは「ちびっこギャング」にしか過ぎなかっただろうが。

次世代技術満載だった日テレ汐留新社屋

地デジ化と重なる時期に日本テレビは屋敷町の麴町からサラリーマンの街、新橋（汐留）に本社を移転した。旧国鉄の貨物操車場だった汐留は、再開発によって超高層ビル群が立ち並ぶエリアとなった。日本テレビの新社屋もそのひとつだ。デジタル放送担当者にとってこの移転は待ち遠しいものだった。何故ならば、日テレ汐留新社屋、通称「日テレタワー」は最新技術の粋を凝らし、放送機材は全てハイビジョン仕様になっていたからだ。

次代の放送はハイビジョンがマストだ。日本テレビ技術統括局が主導して出来た、次世代技術満載の新社屋では、汐留スタジオを使うニュース、情報など、ナマ放送番組は全てピュア・ハイビジョンになった。日本テレビのタイムテーブル（番組編成表）は朝から夕方までほとんどがハイビジョン番組にカウントできた（ゴールデン・プライムのバラエティ番組やドラマは依然、従来のSDスタジオで作られていたためハイビジョン番組にはならなかった。いわゆるアップコンが用いられた）。

前述のような制作サイドへの懸命な働きかけや追加予算を全く必要とせず、日本テレビの地上デジタル放送は、技術統括局の先見性によって自然にハイビジョン化された。1日の放送時間の70％超がハイビジョン番組という好結果になり、他局の「デジタル・マフィア」が羨んだことは言うまでもない。フジテレビはお台場、TBSは赤坂、テレビ朝日は六本木にすでに新社屋を建設済みで、スタジオ機材等はBSデジタルのためにハイビジョン仕様も用意されていたが、全体はアナログ機材が主だったようだ。彼らはハイビジョン制作の比率を上げるため自社機材のハイビジョン化を急いだ。

東京・大阪・名古屋の3大都市でデジタル放送が始まったのは、2003年12月1日だ。全国に先駆けて始められたその放送は、東京ではほとんどが東京湾に向けての電波発射だった。混信を避けるために電波発射を狭いエリアに絞り込んだ結果である。「海上」に放った電波を「地上デジタル」というのかと関係者の間では笑い話になった（なお、この当初電波で大阪・近畿エリアでは全世帯の60％が、名古屋・中京エリアでは同38％がカバーされている）。

東京ではデジタル・マフィアたちが仕掛けた「共同特番」が放送された。番組は全社横一線でサイマル（同時）放送され、在京テレビ各社は共に地デジの門出を祝った。日本テレビは汐留移転前だったため、麴町にデジタルマスターを仮設してこの時を凌いだ。そして、３か月後の２００４年２月29日に全社機能を汐留に移転し、地デジ放送もここから正式に送り出されることになった。ナマ放送番組は全てハイビジョンとなった。

この２００３年12月１日を皮切りに、全国で少しずつデジタル放送が始められていった。アナログ放送終了、デジタル放送完全移行まで残り時間は８年。それは待ったなしだった。

ライブドア騒動と認定放送持株会社

地デジ化が全国で進められる中、総務省は放送局がデジタル時代に対応していくための新しい制度を導入している。そのひとつが「認定放送持株会社制度」だった。この制度は本書後半でも取り上げるため、ここではいくばくかの紙幅を費やすにとどめたい。

２０００年代初め、テレビ放送は地上放送、ＢＳとＣＳの衛星放送がデジタルに移行した。そうした放送業界の動きとは別に、インターネットは著しい成長を遂げていった。無数のＩＴ（Information Technology）企業がスタートアップし、日本テレビもそのいくつかに投資したが、彼らの株価は将来含みで急上昇していった。ITバブルだった。「犬語」翻訳機が人気商品となったIT企業「インデックス」社は企業買収などで株価をグングンと押し上げ、その時価総額は8000億円にまで上昇した。その額は当時の在京テレビ各社の時価総額を大きく上回っていた。若者向けアプリで注目された「サイバード」社も各方面からの投資を得て株価が伸長した。堀江貴文氏の「ライブドア」、三木谷浩史氏の「楽天」も株価を上げ、その時価総額を膨らませていった。

そうした時代を象徴するような出来事が起きた。ライブドア社がフジテレビ買収に動いたのだ。フジテレビとニッポン放送の資本関係の「ねじれ」に目をつけ、ニッポン放送を買収することで、フジテレビを支配する作戦に打って出たのである。

2005年2月、ライブドアはニッポン放送株を手に入れ、次々と目新しい資本戦術を繰り出してフジテレビを揺さぶった。この買収騒動は「劇場化」し、テレビ・新聞が連日のようにこれを報じた。攻防は70日に及んだが、結局、フジテレビが逃げ切った。しかし、「買収」は、フジテレビのトラウマとなった。

同じ時期、三木谷社長率いる「楽天」もTBS株を集め、同社の買収を試みた。しかし、財界重鎮の助言などもあって楽天は矛を収め、TBSに事業提携を持ち掛ける形で事態を収束させた。このふたつの騒動の後になるのだが、総務省は新たな放送法改正によって「認定放送持株会社」という制度を新設した。その新制度には有効な買収防止策も盛り込まれており、フジテレビとＴＢＳはその新制度に速やかに反応することになる。

総務省は、買収防止を第一義にこの認定放送持株会社制度を設計した訳ではなかった。制度の第一の目的は、放送局の経営基盤の強化だった。認定放送持株会社の原型となる「純粋持株会社制度」は、持株会社自身は事業を行わず、司令塔・ヘッドクォーターとして傘下の事業会社を統括する。この制度は戦前に存在し、いわゆる財閥を形成したが、終戦後のＧＨＱによる「財閥解体」によって消滅していた。具体的には独占禁止法によって純粋持株会社が禁じられたのだ。しかし、時代は昭和から平成に移り、独禁法改正（97年6月）によってこの「純粋持株会社」が再び認められ、様々な業界でこの制度が導入される。

そうした中で金融や航空など「規制業種」であっても「純粋持株会社」が誕生する。みずほフィナンシャルグループやＡＮＡホールディングスなどがそれだ。そして、放送局を所管する総務省も「規制業種」である「放送」に対して、その規制を維持しながら持株会社を設立できる制度の検討を行った。そこには次のような総務省の思惑があった。

〈在京キー局の経営基盤が強化され、強い経営体力を持てば、経営の厳しくなった系列地方局の「救済」にキー局が力を貸すに違いない。それによって放送業界の秩序が維持できる〉

そして、

〈この制度でキー局が巨大なコングロマリットに成長すれば、ディズニーなどに代表される海外の巨大メディア資本に対抗できる国内メディア資本が誕生するかもしれない〉

海外資本に太刀打ちできる国内メディア資本の誕生は国の懸案でもあったのだ。

放送秩序の維持、海外と伍せるコンテンツ産業の育成。国、総務省の思惑を込めて新制度は2007年の放送法改正で審議・成立し、翌08年に施行されることになった。なお、この制度の中にある認定放送持株会社が所有できる地上テレビ放送局の数は当初、「都道府県」換算で12までと制限されていたが、2023年には制限数が撤廃された。これについては後述したい。

在京キー局の反応

2008年10月1日、フジテレビは認定放送持株会社「フジ・メディア・ホールディングス」を創設。翌09年4月1日にTBSも「東京放送ホールディングス」に生まれ変わった。さらに2010年10月1日にはテレビ東京も「テレビ東京ホールディングス」を発足させた。

各局とも持株会社制度による「資金調達力」「意思決定力」などに期待感を示したが、内実は、出資制限を「一人の出資者が出資できるのは全資本の3分の1まで」などと定めた「買収防止策」に乗ったのだ。その一方で制度の主旨のひとつである、ホールディングスによる地方局所有には消極的で、キー局関連会社の所有に留めたことも特徴的だった。

そうした動きの中で、独自の買収防止策を持っていた日本テレビは、制度に食指を動かさなかった。日本テレビはまた独自の視点で地方局所有の可能性やそのための資本コストを試算していたが、系列局の経営は順調で、当面、救済という観点から考える必要はなかった。また、彼らがホールディングス傘下に入ったとしても現行の事業規模と大きく差異はないと判断した。これは事業規模においてキー局が「ガリバー」だった結果ともいえる。

それでも日本テレビは2011年にいたって制度導入に舵を切った。新社長、大久保好男氏の経営判断によるものだった。新社長は「改革の志」に溢れていた。そして、それに呼応するように日テレの内外からいくつもの改革提案が寄せられた。そのひとつに「日本テレビホールディングス」構想があった。

提案された構想では、日本テレビが純粋持株会社を創設し、その傘下に事業会社・日本テレビとグループ各社を配置、その総合力によって日本テレビグループが持続成長を果たすというシナリオが語られていた。提案の中では、先行する在京キー局のホールディングス各社の現況も調査・分析され、特にBSデジタルを「成長エンジン」としてホールディングス傘下に取り込みたい旨が強調されていた。この当時、BS日テレは「マスメディア集中排除原則」によって出資制限が行われ、日本テレビと近しい関係にありながらも、資本上はグループ会社から外されていた。これをホールディングス化の制度によって取り込めば、100%子会社とすることが可能となり、年間100億円余りの売り上げ（当時）をそのままホールディングスの経営数字に上乗せすることが出来た。これは日本テレビの経営戦略上も有効な提案だった。

また、提案の中に盛り込まれたインターネット関連企業のホールディングス傘下入りも、これからの成長材料として期待された。そして、日本テレビは1年の準備期間を経て、12年10月に「日本テレビホールディングス」を発足させた。

その後、在京局の中で唯一残っていたテレビ朝日のホールディングス化も行われ、14年には在京キー局は全て「ホールディングス」へと移行した。

08年から始まったキー局のホールディングス化、認定放送持株会社への移行はデジタルの波の中で放送局が次代での持続成長を図るための象徴的な出来事だったと思う。

それからすでに十余年が過ぎた。

例えば、日本テレビホールディングスは連結総資産１兆６０１億円（２０２２年３月期）と１兆円超の「メディア・コングロマリット」へと成長している。在京ホールディングス各社も同様である。

しかし一方で、海外メディア資本は「ネットフリックス」が総資産額４４５・８億ドル（約６兆２４１２億円）、「ディズニー」が総資産額６２４億９７００万ドル（約８兆７５００億円）とされ、彼我の差は非常に大きい。それでも考えようによっては、新たな戦略やビジョンを打ち立てることで在京ホールディングスはまだまだ持続成長するチャンスを持っているということだ。

そして、ホールディングスにはもうひとつ、「テレビ局再編」という舞台での一定の役割が求められるだろう。それは「地方局救済」という観点よりも、地方局の存続が地上放送ネットワークの維持に繋がり、それが地上テレビ固有のメディア・パワーを持続させるという「メディア論」の観点によるものだ。そのことについては後段で詳述したい。

現在は地方局もホールディングス化

2024年の現在にいたって「認定放送持株会社」は東京キー局だけではなく、地方においても次々と設立されている。

大阪では、準キー局の朝日放送（テレビ朝日系）が「朝日放送ホールディングス」を設立し、TBS系の毎日放送も「MBSメディアホールディングス」を設立している。名古屋ではTBS系の中部日本放送が、社名を変えず、ホールディングス化した。この他にも九州のRKB毎日放送（TBS系）が「RKB毎日ホールディングス」となり、九州朝日放送（テレビ朝日系）も「KBCグループホールディングス」を設立した。

これらはいずれも「準キー局」か、それに準じる大きな規模の地方局である。彼らがローカル・ホールディングスを設立した狙いは一体、何か。事業規模を大きくして地方局経営の選択肢を広げようとしているのか。それとも後述する「ブロック化」の先駆けか。

ホールディングス化の波は中堅地方局にも広がりつつある。中国地区の山陽放送が「RSKホールディングス」を設立し、新潟県の新潟放送も「BSNメディアホールディングス」を設立した。これも自社グループの経営強化を図ったのだろうか。

地方局がホールディングス化を進める時にひとつだけ気掛かりな点がある。中央キー局との関係である。キー局ホールディングスによる地方局所有は放送法改正によってかなり緩和された。しかし、地方でホールディングス化した会社を中央のホールディングスがその傘下に置くことは容易ではない。認定放送持株会社は法令で「一人の出資者が出資できるのは全資本の3分の1まで」と決められている。それはまた、先述の「買収防止策」でもある。

ローカル・ホールディングスは中央のホールディングスの傘下に入ることをあらかじめ忌避し、自らの独立経営を強調しているのか。あるいは、それはキー局のネットワーク戦略と軌を一にした戦略の一環なのか。現時点では不明な点が多い。ただ、そこには「テレビ局再編」も視野に入れた地方局の「未来ビジョン」が秘められていることだけは確かだろう。

アメリカ・メディア調査

21世紀に入った2000年代初頭は、まさにデジタル時代の幕開けだった。テレビはそれに応えるため「地デジ化」を進め、「ホールディングス化」を進めた。インターネットとの向き合い方も本格化していく。そして、2015年には民放連のメディア調査団がアメリカを訪れる。この章の最後はその話で締めくくりたい。

デジタルというテレビ共通の課題に取り組む業界横断的なメンバーがいた。彼らは、本籍こそ在京キー局のメディア担当（局長、部長級）だったが、民放連・放送計画委員会の中にある「制度ワーキング」に所属し、侃々諤々《かんかんがくがく》の議論をしていた。彼らの一部はまた、前出の「デジタル・マフィア」でもある。

制度ワーキングは放送行政全般について忌憚《きたん》のない意見交換や議論を行っていた。議論だけではない。放送計画委員会をサポートする目的で永田町の政治家や霞が関の行政官、大学教授や経営コンサルタントなど有識者たちに必要に応じて面会し、テレビとしての考えを「説明」し、時に「交渉」した。その活動は癒着ではなく、客観性のある

「正当な意見」の表出であり、放送の「役割」や「自律」を改めて伝えるものだった。

後述される、放送と政治の関係や、放送とネットとのかかわりについても制度ワーキングの重要な論議のテーマだった。そうした多岐にわたる研究の一環として制度ワーキングは地デジ化も完了した後の2015年3月、民放連の調査団としてアメリカの最新放送事情について調査・取材に出かけた。それは日米放送業界の今日的な類似点を探り、次の一手を考えるものであり、メンバーの一人だった私にとっても興味をそそるものだったことを覚えている。

「2020年代の放送を占う。テレビ価値のさらなる向上を目指す」

調査団の発想の原点は、第1章に記した「タイムマシン経営」に近いものがある。2015年時点のアメリカでも「見逃し配信」や「同時配信（リアルタイム配信）」は大きなテーマだった。そこには、日本でも喧伝された「テレビ離れ」という問題があった。日米の放送の悩みは共通していた。

アメリカでも若者の「テレビ離れ」は確実に進んでいた。インターネットにテレビが圧《お》されているのは日本だけではなかった。アメリカも然り、世界共通のテーマなのだと納得した。その問題に向き合うため、アメリカの放送事業者たちは「アウェイ」であるネット事業に積極的に参画していこうとしていた。私たち調査団が強く感じたものは、そこにあるビジネス・マインドだった。アメリカの放送事業者が「アウェイ」のネット事業に対して決して退かず、彼らの武器である「コンテンツ」を手に飛び込んでいく勇気と迫力と自負。それは大いに見習うべきものと思った。

デジタルの時代を迎えたアメリカ放送業界の積極的な姿勢を見るにつけ、私はその4年前に亡くなった、日本のテレビ業界の「巨星」のことばを思い出していた。

「メディアはこれまでもたくさん生まれてきたが、地上放送の持っているコンテンツや制作力は様々なメディアの中で一番、強い。しかも長年にわたる蓄積がある。だから、インターネットを恐れる必要はないのだ」（週刊東洋経済　2011年2月19日号）

「巨星」とは、民放連会長も務めた、氏家齊一郎・日本テレビ会長だ。この言葉は、彼が亡くなる直前に雑誌のインタビューに応えたものだった。

「コンテンツ」は日本とアメリカのテレビが共通して持つ、自分たちの武器だった。

アメリカでも日本でも、時代は「汎インターネット」に移りつつあった。テレビもメディアの「王者」から「挑戦者」に転じつつある時期だった。しかし、テレビには「コンテンツ」と「制作力」がある。たとえ、「挑戦者」になったとしても負け知らずの挫けない挑戦者になればいい。そして、必ず王座に返り咲けばいい。それだけのことだ。

活気ある米テレビ業界の姿と「巨星」の力強い言葉を思い出しながら、私はそんなことを想っていた。

第3章　新たな覇者、インターネット　1990年代〜

SNSの戦争

2022年2月24日。突然のように始まったロシアのウクライナ武力侵攻。そこでインターネットを通じた「情報戦争」が始まった。

SNSは、「戦場」と化したウクライナの町のいたるところから発信された。そして、いま現在も理不尽なロシア軍の攻撃とそれにより家族や家を奪われた市民たちの姿をリアルタイムで生々しく伝えている。それらの映像や情報は瞬時に世界で共有されてきた。

戦争報道はこれまで新聞とテレビがリードしてきた。ベトナム戦争（1955〜75年）では特派された記者やカメラマンが、スチルやムービーのカメラを片手に戦地の奥深くまで入り、命がけの取材を敢行してその現況を世界に伝えた。

当時のアメリカ政府は「報道の自由」を容認し、新聞・テレビ報道への介入は抑制的だった。しかし、それが裏目に出た。ニューヨークタイムズの「ペンタゴン・ペーパーズ」報道、3大ネットワークの現地報道などによって、アメリカ国内に「反戦」や「厭戦」のムードが広がった。特に、ニュース・キャスター、ウォルター・クロンカイトによる戦争終結を促すコメントはアメリカの世論に大きく影響したと言われている。アメリカはベトナムにではなく、メディアに負けたとさえいわれた。

このベトナム報道を「教訓」に、アメリカ政府は、湾岸戦争（1990～91年）や2003年に勃発したイラク戦争では綿密なメディア・コントロールを行った。トマホーク・ミサイルによるピンポイント攻撃は、あたかも戦場に一滴の血も流れていないような「きれいな戦争」を演出。テレビゲームを想起させる映像によって「ニンテンドー・ウォー」などと呼ばれた。戦地取材を求める記者やカメラマンに対しては「生命の安全」を名目に従軍させ、その管理下で取材を認めた。そうすることで政府の方針に報道を沿わせようとした。

もちろん、メディアはメディアで易々と彼らのコントロール下には入っていない。CNNなどはイラク現地に取材者を残し、イラク政府の報道管制下で、アメリカ政府の反発を買いながらも、戦地に血が流れている実相を中継も交えて報道した。また、メディアは一連の戦争報道でリークされた映像や情報を検証取材し、一部の「情報操作」を暴こうと励んだ。そこには真実を伝えたいという報道人の思いが込められている。

戦争報道の系譜を眺めると、「タイムラグ（時間差）」が大幅圧縮されたことも注目される。ベトナム報道ではフィルムに記録された現地映像は空輸を経て、本国で現像、報道された。物理的な諸作業に伴う、現地との時間差は埋めようがなかった。それが、湾岸戦争やイラク戦争の時代には、ENGカメラや衛星伝送の発達によって現地の状況がリアルタイムで報じられるようになった。時間差はほぼ解消された。日本国内でも現地の様子はテレビを通じて手に取るように見聞きでき、また、考えることができた。それは「テレビの戦争」だった。

そして今、記者やカメラマンといったジャーナリストを介さずに市井の人々が戦禍や現地の様子を直接伝える時代へと突入した。戦争報道は「SNSの戦争」となった。それは革命的だった。無数の市民が無数の映像をリアルタイムで送り出している。そうした映像をスマートフォンなどで視る世界中の人たちがリアルタイムで共感し、緊張している。戦争は海の向こうの、遠い戦場で起きているものではなくなった。いまこの瞬間、極めて身近な情報端末によってその暴力的な行為が知らされ、怒りと悲しみが共有されている。

フェイク・ニュースの危険性

ＳＮＳの力を知り抜き、これを見事に使っている「ヒーロー」は、ウクライナのゼレンスキー大統領だろう。それに対し、侵攻したロシアのプーチン大統領は全くの「悪役」である。

今次の情報戦争でウクライナはロシアを完全に圧倒している。そのロシアはネットを介した海外からの情報を遮断することに躍起になっている、という。全体主義、専制主義ならではの動きだ。そうした点からもウクライナとロシアのネット対応の優劣は明らかだ。しかし、「ＳＮＳの戦争」にはメリットもデメリットもあると思う。

メリットはなんといってもその当事者性、現場性、リアルタイム性、膨大な情報量だ。一方のデメリットは、そこには意図されたフェイクが秘められている可能性があることだ。フェイクが事実と誤認されたまま再発信され、拡散する危険性は常に存在している。

無数の市民たちが提供するＳＮＳ情報は優れて「原情報」ではあるが、フェイクも含め、真実性が確認されていないものも多数含まれている。それはプロフェッショナルの

「報道」ではない。それはSNSの脆弱性かもしれない。しかし、意図したものではない。SNSは報道ではなく、「広場」なのだから。

そうしたSNSのメリット、デメリットを常に頭に置きながら、テレビ報道は「事実に忠実なジャーナリズム」を一義に、真贋チェックを経たSNS情報も自らのニュースに取り入れている。否、取り入れているのではなく、取り入れざるを得ないのだ。現代のテレビ報道においてSNS、ネット情報は無視できないものとなっている。だからこそ、それらを鵜呑みにはしない、してはいけないと考えながら、日々の報道に励んでいるのが実際だ。

SNSによる映像の「真贋チェック」は昨今、AI技術によって行うことが出来る。それに加えて事実の確認、ファクト・チェックはアナログながら情報源に記者が直接取材し、「裏取り」をすることになる。そうして確認ができたものだけが有効なニュース素材となるのだ。

そして、SNSになくてテレビにあるもの。それは、「編集権」だ。「編集権」こそ、伝統的なメディアの強さであり、取材と報道の的確性と信頼性を担保する。メディアとしての経験と知見、公平公正な報道人としてのプライドがそこにある。

そして、次章で触れるが、「編集権」は放送法４条と密接に関わっている。先の大戦における「大本営発表」報道の反省から、アメリカによってもたらされた放送法４条の精神はインターネット時代になってもその輝きを失わない。「ＳＮＳの戦争」の時代にも留意したい点である。

ところで、ＳＮＳを「広場」と書いた。ＳＮＳは情報の交換の場であり、それを仲間たちに広げる場なのだ。そう考えると、この「広場」には、マスメディアが作り上げてきた「情報・言論空間」とは異なる「空間」が作られつつあるのだと思う。その異なる空間は今後、従来の「情報・言論空間」が積み上げてきた考え方、とりわけ「民主主義」を変容させるかもしれないと思った。

この「広場」の行方は分からない。しかし今、従来の「情報・言論空間」は新たな「空間」に対し、積極的にコミットしていくべきなのだろうと思う。ふたつの「空間」が相互に影響を及ぼし合うことで、より優れた「空間」が生まれてくるかもしれない。そんなことを考えている。

インターネットの誕生

「ウクライナ侵攻」でも注目されるSNSであるが、そのSNSをはじめとするインターネットによるサービスが登場し、現在の隆盛に至ったのは僅かここ30年ほどのものである。その歩みを簡単に眺めてみたい。

1990年代。ホストコンピュータとその傘下のコンピュータがつながる「パソコン通信」が存在していた。インターネット前史だ。そして、そのつながりがホストコンピュータではなく、コンピュータ同士、パソコン同士に変わり、インターネットが登場する。アメリカの国防予算で創り出されたこの新技術は当初、研究者やその周辺にとっても、「海のものとも、山のものとも」分からない技術で、今日の成長を誰も予想していなかった、とされている。

そのインターネットが大きく飛躍したのは、マイクロソフト社による「ウィンドウズ95」の登場による。1995年のことだ。日本ではこの年が「インターネット元年」と呼ばれる。素人には使いこなせなかったパソコンが、ウィンドウズ95のおかげで使い易いインターフェイスを獲得した。それが、パソコンとインターネットの普及に貢献する。

インターネットの普及をさらに加速させたのが、ポータルサイト「ヤフー！」の登場だ。アメリカで94年に誕生し、日本では96年に彼らは現れた。98年には検索エンジン会社「グーグル」が誕生した。インターネットの強力な武器としてその利便性が評価されていた「検索技術」は、アルゴリズムによってさらに自動化され、インターネットの爆発的飛躍に貢献した。

そのインターネット揺籃期の難点は、通信回線の未成熟さだった。通信スピードは極めて遅く、ネットに繋がるかどうか、繋がってもデータが届くかどうか、不安定だった。当時のネットが提供する情報は「テキストベース」であり、動画は夢の夢だった。そして、テレビはそこに脅威など微塵も感じていなかった。

そのネット空間はマイナーだった。ウィキペディアを「集合知」として期待する一方、かきこみ掲示板「2ちゃんねる」が登場。そこは「自由」というべきか、「無秩序」というべきか、様々な意見や考え、そして複雑で歪んだ感情や表現が飛び交っていた。さらにユーザー・ブログが現れ始め、新しい表現の場としてネットが注目されていった。「匿名」「オタク」「祭り」「炎上」等。アングラカルチャーの巣窟感もあった。だが、新しい、独特な「文化圏」が生まれ始めていたと思う。それは前述の「広場」同様、デジタル文化時代の幕開けだった（恥ずかしながら、当時の私は、そんなことは思いもよらなかった)。

新聞、テレビ局のネット戦略

テキストベースのインターネットに対して親和性のある新聞メディアがこの時期にネット進出を目論んだ。朝日新聞は95年3月にホームページを立ち上げた。それに続いて全国紙のホームページが次々と立ち上がっていった。その一方でヤフーは新聞社から記事を買い、トップページにそれらを載せた。伝統的な新聞メディアと新興のネットメディアとの「競合」と「提携」という二律背反の関係がこの頃、始まった。

新聞はこの時代、紙とデジタルの二刀流で、その優位性を保てると考えていたように思う。しかし、誤算だったのは、次なる読者層に想定していた若者たちが、「紙の新聞」を選ばなかったことだ。そればかりか、彼らはネット上で、新聞社のサイトではなく、ヤフーのサイトに集まってしまった。「ヤフートピックス(ヤフトピ)」に載る記事を斜め読みすれば、それで世界のことは充分に理解できると彼らは思った(もちろん全然、充分ではないのだけれど)。

若者の一部は、「新聞を読まなくてもネットがあればいい」と豪語した。そのネットの記事は、元々は新聞社の記者たちが汗水流して取材し、書き上げたものであることを彼らは知らなかった。知っていてもそれに興味を示さなかった。

2000年は、日本の「IT元年」と言われる。

政府はIT基本法を策定し、内閣にIT戦略本部を設置した。日本のインターネット利用人口は2700万人に達し、移動体電話の普及率も総人口の44・8％に上るなど、急速な通信革命が日本でも進んでいた。通信回線は「ADSL」「光」へと進化し、大容量・高速通信が可能になっていく。この回線の進化によって映像、すなわち「動画」がネットに載ることが期待された。

テレビ局はインターネットの足音がすぐそこに迫っていることに漸く気がつき始めた。そして、試験的ではあったが、ネットで動画を見せる新会社を設立する。「放送と通信の融合」の前史だ。

2000年、日本テレビはNTT東日本などと提携して「B-BAT」社を設立。映像がネットに載った際に著作権を管理する独自の「透かし」システムを開発した。また、コンサートの一斉配信を実験的に行うなどした。この日テレの動きに対抗するように、TBS、フジテレビ、テレビ朝日の在京キー3局は02年に「トレソーラ」社を創設。有料動画配信ビジネスを模索した。しかし、どちらの社も時宜を得ず、企画会社としてその役割を終えた。

２００５年。序章に記したようにユーチューブがアメリカで生まれ、日本にも上陸した。国内の動画配信事業に再び灯がともる。05年に日本テレビが「第２日本テレビ」（のちに日テレオンデマンド）、フジテレビが「フジテレビＯｎ Ｄｅｍａｎｄ」、ＴＢＳが「ＴＢＳ ＢｏｏＢｏＢｏｘ」（同、ＴＢＳオンデマンド）といったビデオオンデマンド事業を始めた。

翌06年、テレビ朝日が「テレ朝ｂｂ」を、テレビ東京が「あにてれシアター」を開始した。在京テレビ局以外では、ドワンゴが「ニコニコ動画」を06年に始めている。08年12月、ＮＨＫが豊富なアーカイブスを利用した「ＮＨＫオンデマンド（ＮＯＤ）」を開始した。これで主たるテレビ局のビデオオンデマンド事業が出揃った。

そして、この時期に前出の「竹中平蔵総務相発言」があった。

「テレビで放送されている番組を、どうしてインターネットで視ることができないのか」

「放送と通信」の先行きを示す言葉ではあったが、テレビ業界は当時、一斉に反発した。

その理由についてはすでに書いたとおりだ。

テレビは、マスメディアの先輩格である新聞がインターネットにどのように侵食されていったか、その競合と提携の実例を見ていた。ネットとの出自の違いも十分に感じとっていた。そこで出た結論は、ビデオオンデマンド事業には進出したが、それはあくまでも副業であり、本業であるテレビ現業（それは圧倒的な稼ぎを生み出していた）に今まで通り、経営資源の大半を割くことだった。「イノベーションのジレンマ」が喧伝されるにはまだ遠い時代だった。

後年、放送業界の外野から、ネットに対するテレビの対応の遅さを指摘する声が上がった。その指摘の言わんとするところは、テレビの「無為無策」なのだが、その批判を全て間違っているとは言わないものの、当時を知るものとしては「無為無策」ではなかったことを強調しておきたい。私も含め、テレビ各局のデジタルやメディア戦略の担当者たちは手探りではあったが、相応の研究や対応をしていた。その自負はある。

インターネットの今日の隆盛は、テレビが「無為無策」であったというよりは、「デジタル」によって社会環境や産業構造が変化したこと、いわゆる「第４次産業革命」が起こったことに起因すると思う。その第４次産業革命をリードするメディアとしてインターネットが重用され、さらにそれがメディアの領域を超えた多方面に進化していったのは当然の帰結だった。「テレビ対ネット」の構図だけでは語り尽くせないものがそこにはあった。

iモードとITバブル

話を再び、2000年代前半に戻したい。

テレビ業界全体はこの時期、ネットに対して「静観」の構えだった、と思う。私たちの喫緊の課題は、「地デジ化」だったからである。そこに経営資源の多くが注がれ、インターネットへの対応は確かに劣後した。そうしたテレビ局の事情など気にも留めず、日本のインターネットは成長していった。彼らの主戦場は爆発的な普及を続けていた「携帯電話」だった。そこに日本独特のモバイル・ネット、「iモード」が生まれた。

「iモード」は1997年に開発され、市場に投じられた。主導したのはNTTドコモではあるが、その顔触れはドコモ・プロパーよりも「外人部隊」が目立った。夏野剛氏（東京ガス出身。ネット・ベンチャーを経てドコモ執行役員。現・KADOKAWA社長）や松永真理氏（リクルート出身。就職ジャーナル元編集長、現・松永真理事務所代表）たちだ。彼らが提唱した「モバイルインターネット」は通信事業者ＮＴＴドコモにとっては異質の概念だったが、ドコモはそれを受け入れることで成功を得た。

「ｉモード」は、日本にモバイルインターネットの様々なシーンをもたらし、携帯電話は時代の寵児となった。携帯向けアプリが次々と開発され、大当たりしたものもあれば、外れたものもある。ゲーム、着メロ、犬語翻訳、波乗り情報等々、若者文化を代表する数多くのアプリが生まれた。ｉモード文化の華が開き、ＩＴのベンチャー企業も数多く生まれた。時代は「ＩＴバブル」に沸いた。ＩＴベンチャーの株価は急上昇したが、その株価は会社の実情や経営力と大きく乖離していた。それでもその流れに遅れまいとして投資家たちはＩＴベンチャーに投資した。テレビ局も例に漏れず、黙って指をくわえてはいなかった。ベンチャーからも出資の申し込みが数多く舞い込むなど、「投資のための投資」が横行した。

　私自身は冷ややかだった。ＢＳデジタルのスタートアップでベンチャー企業の苦労と実態を見ていたため、このバブリーな投資合戦には鼻白んだ覚えがある。投資が自分の職責ではなかったため少し離れたところで斜に構えて見ていた。あの当時のテレビ局は「お大尽」だったといまでも思う。大した精査もなく、勢いで投資が行われているように感じた。ベンチャー企業はベンチャー企業で、テレビ局からの投資を自らの信用力やブランド形成に利用した。テレビ局間の競争を利用し、他局からの投資状況などを耳打ちして自社への投資を促したりもした。まるでゲームのようだった。

2004年に日本テレビのメディア戦略部長に就いた私は、財務的な投資とは異なるこれらの投資を「戦略的投資」と改めて位置づけ、投資先の現況や投資効果について定期的に調査・検証を行った。その結果、いくつかの「戦略的投資」は想定以上の成果を上げていた。これは全く是認できるものだった。しかしその一方で、いくつかの投資は何の効果も認められず、投資したカネが紙クズ同然となっていた。それはかつての担当者に「お大尽」の満足感を与えただけのものだった。正直、不愉快だった。他局でも同様の話があったようだ。当時のテレビ局の投資は殿様商売であり、「いいカモ」にされていた。今日、この厳しい時代にそんな緩いことはまかり通らないが。

テレビ業界はインターネットに「静観」の構え、と書いたが、そんな悠長なことを言っていられない出来事もあった。先述した05年の「ライブドア騒動」だ。これもITバブルの「徒花《あだばな》」だったと言えなくもない。ネット・ベンチャー「ライブドア」がテレビ局の雄「フジテレビ」を買収しようと、あの手この手の買収手法を繰り出したが、およそ70日の攻防の末にフジテレビはその牙城を護った。一連の騒動でネット企業に対する国内の認識が高まったのは事実だ。「放送」と、「ネット」「通信」が競合するのか、あるいは融合するのか。

「守旧のテレビ」と「革新のネット」という、ステレオタイプの二者対決の構図が囃《はや》し立てられたが、そんな単純なものではなかったと思う。メディアの世界観、特性や役割、ステーク・ホルダー、人間模様や政治・経済・社会・文化といったものとのかかわり、それら様々なものが「騒動」の中で垣間見えた。


話を「ｉモード」に戻したい。

「ｉモード」は日本にモバイルインターネットを確実に定着させた。パソコン端末によるインターネット以上にモバイル・ネットは世の中に普及した。しかし、日本で大人気を博した「ｉモード」も、海外への広がりという点では思うようには進まなかった。日本独特の技術規格、携帯キャリアとメーカーの関係、各国の通信政策などいくつもの理由が挙げられたが、結局、「ｉモード」は世界標準にはなれなかった。

そして、世界を席捲したのは、「iPhone」(2007年~)だった。「iPhone」は海を越えて日本にもやってきた。新たな黒船の到来である。

iPhoneとワンセグ

「iPhone」。その登場は画期的で、まさしく世界を変えた。

スティーブ・ジョブズが創り出したこの情報端末は、モバイルインターネットを劇的に進化させていった。「iPhone」が携帯市場を席捲していく過程は皆さんがご存じのとおりだ。

「iPhone」の解説は他書に任せ、ここではテレビの立場で恨み節をひとくさり。

それは「ワンセグ」のことだ。

我々テレビがこの時期に心血を注いでいたのは「地デジ」であり、その効用の一つである「ワンセグ」だった。「ワンセグ」とは、地デジの放送電波の一部、ワンセグメントを使って、携帯端末でもテレビが視聴できる放送である。その普及促進も自称「デジタル・マフィア」にとっては大きなテーマだった。ワンセグはまた、データ放送を使ってインターネットにアクセスする機能も強調され、そのハイブリッド性も謳い文句だった。「テレビとネットのマリアージュ（結婚）」と華々しく喧伝するテレビ局担当者もいた。日本のキャリアもメーカーも新たな商品企画として「ワンセグ」を携帯に載せてくれた。

しかし、アメリカからやってきた「ｉＰｈｏｎｅ」は「ワンセグ」には冷たかった。アメリカに「ワンセグ」という機能や概念がなかったからだろうか。否。彼らのネット世界観には、テレビを入れるという考えがなかったのだろう。そこにマリアージュなどなかった。

これは致命的だった。「ｉＰｈｏｎｅ」が流行れば流行るほど、ワンセグの影は薄くなった。携帯メーカーもごく一部のデバイスにしかワンセグを載せなくなっていく。そして今日、ワンセグは車載カーナビと一部の携帯端末にのみ、その存在を留めている。

因みにワンセグの放送電波は地デジ開始当時から現在にいたるまで、テレビ電波に載せて送り出されている。それは未来永劫変わらない。

大損だったＮＯＴＴＶ

もうひとつの「新しい携帯向け放送」も消えた。多くの日本人は、記憶にすら残っていないだろう。これも恨み節になるのだろうか。それは携帯端末向けマルチメディア放送で、放送名は「ＮＯＴＴＶ」と言った。

この新たな放送は地デジ化で空いた周波数帯を利用する新しいメディアとして総務省も「推し」だった。当初、放送方式の違いでふたつのグループがこの周波数免許に手を挙げた。ドコモ・グループとＫＤＤＩグループだ。ドコモは「ＩＳＤＢ‐Ｔｍｍ方式」という技術を主張、ＫＤＤＩは「メディアフロー方式」で対抗した。方式に互換性はなく、選ばれるのはどちらかひとつ。熾烈な周波数争奪戦が水面下で演じられた。

在京テレビ局も二派に分かれ、それぞれ一方のグループに出資して互いに対抗した。勝ったグループのテレビ局には、コンテンツ供給という新たな商売も生まれる。ドコモ・グループには日本テレビ・ＴＢＳ・フジテレビが、ＫＤＤＩグループにはテレビ朝日が入った。周波数争奪戦は熾烈を極めたが、総務省は放送・通信関係者やメーカー、有識者などの意見聴取を経て、ドコモ・グループに軍配を上げた。ＫＤＤＩグループは空しく舞台を去った。

勝利したドコモ・グループは09年に新会社を設立。その3年後の２０１２年に「ＮＯＴＴＶ」（ｍｍｂｉ社）の名称でこの新しい携帯端末向けマルチ放送を開始した。ドコモの作った新会社は、テレビに大量のスポットＣＭを投下し、大々的なキャンペーンを打った。しかし、一大ブームは起こらなかった。若者たちの関心はｉＰｈｏｎｅに向いていた。「ＮＯＴＴＶ」は流行らず、その後も大化けしなかった。結局、僅か４年で放送終了。全国配備した中継局の撤収など「敗戦処理」にも人手とカネが掛かり、大損となった。

敗因としていくつものことが考えられた。ひとつはこの放送が実現する携帯端末上の多チャンネル・サービスには「スカパー！」の既視感が強く、物珍しさがあまりなかったこと。戸外で活動しているユーザーにとって、一定時間を必要とする番組視聴がマッチするものだったのかどうか。そして、無料ではなく、料金を支払ってまで戸外で視たいものがあったのかどうか。いろいろと反芻してみた。しかし、最大の敗因は「ｉＰｈｏｎｅ」の存在だった。アプリで手軽に実現できる新しいサービス、時間の掛からないサービスの数々、無料で得られる様々な情報。結局、携帯ユーザーたちが求めていたものは、携帯でテレビ放送を視ることではなく、ネットを通じて世界とつながることだった。携帯の世界には既にＬＩＮＥやツイッターが展開しており、情報を送る側にも受ける側にも大きな変化が始まっていた。

テレビがもたらす情報空間とは明らかに違う、もうひとつ別の情報空間が生まれていた。その変化に対する感性が、私たち関係者にはなかった。それゆえに「ＮＯＴＴＶ」はうまくいかなかったのだろうと今にして思う。それはまた、「ワンセグ」の敗因にも共通するものだ。携帯端末を使った「モバイルの世界」はネットの独壇場だった。

インターネットは脅威か

２０００年代前半、テレビとネットの相克が始まっていた。動画配信、ＩＴバブル、ライブドア騒動、竹中総務相発言など、その関係は確実に接近していた。インターネットはテレビにとって脅威になるのかどうか。私たちの関心も高まっていった。そうした中で、放送業界の重鎮、氏家日本テレビ会長は雑誌「週刊東洋経済」のインタビューで次のように答えていた（２００９年2月）。

「インターネットは所詮ハードであり、問題はそこにどういうソフトを流すかということ」

氏家氏はそう断じて、ソフトの雄である新聞やテレビの優位性を強調した。そして、インターネットの持つ弱点をズバリと突いた。

「一千万単位の人たちが一斉に同じものを視るという場合に、ネットは適していない」

「大勢が集中するものは絶対ダメ。パンクしてしまう」

それは現在、大幅に改善されたとはいえ、インターネット固有の弱点である。コストをかければ回線もサーバも増やすことはできる。大勢の人たちによる同時一斉の集中アクセスにも耐えることはできよう。しかし、それを常時整えておくこともまた、経済的な負担を伴うものだった。

「インターネットは無料ではなく、インフラにものすごくおカネがかかっている。誰がそれを負担しているかということもよく考えなければならない」

私たちの当時の試算でも、インターネットにテレビと同じ程度の動画コンテンツを載せ、それをテレビと同程度の人数が視聴できるようにするには、相当なコストが掛かることが分かっていた。これを事業として成功させるためにはどうすればいいのか。答えを出すのは容易ではなかった。先行する外資系ネットメディアには、先行利得と規模の経済があった。アマゾンなどは動画配信だけで収支を完結させず、物販などの本業がそれを支えていた。アマゾン・プライム・ビデオは本業に客を呼び込むための、一種のアトラクションでもあった。

そうしたアドバンテージや余力のない私たちテレビ局にとって、ネット事業への参入は多額の投資と後発者としての我慢が求められるものとなる。その結果、「本業回帰」、テレビ現業をしっかりと固めようということが当時、叫ばれたのだ。氏家会長の考えに私たちは全く納得していた。広告媒体としての「費用対効果」では、テレビがインターネットに劣後することはこれからもないと思っていた。

東洋経済による氏家会長へのインタビューは、2011年2月にも行われている（前出）。この中で氏家氏は、「インターネットに脅威は感じない」と述べ、「テレビ局のコンテンツ制作力と長年の蓄積、そして、日本特有のあまねく送信環境があれば、テレビはネットには負けることはない」との考えを示した。〝遺言〟となってしまった言葉、「コンテンツ制作力」「長年の蓄積」「あまねく送信環境」は確かにテレビのストロング・ポイントであり、普遍的なものだ。そして、それを維持する一定の経済力をテレビが確保できれば、テレビの有用性は保たれる。テレビは終わらないと確信した。そして、私たちは「インターネットは脅威ではない」と合唱した。

あれから10余年。インターネットの成長は続いている。私たちがかつて意識もしなかった異質な「情報空間」がネットの中に広がっている。それは「ＳＮＳの戦争」に記したとおりだ。この空間は早晩、チャットGPTなどのAI技術が入り混じり、さらに進化する空間になるのだろう。

10余年を経てもテレビのストロング・ポイントについての認識に変わりはない。そして、それは守られなければいけないと思う。私自身は、インターネットが脅威であるとは思わない。しかし、その進化は想像を超えている。全く予断を許さないというのも正直な感想である。

テレビを抜き去ったネット広告

２０２０年代、先行してネット事業が発展してきたアメリカでは、「グーグル」「アップル」「メタ（フェイスブック）」「アマゾン」「マイクロソフト」がGAFAMと呼ばれ、巨大な国際企業となり、聳え立っている。動画配信の世界では「ユーチューブ」「ネットフリックス」「ディズニープラス」「フールー」「アマゾン・プライム」「HBOマックス」などが世界中から莫大な広告料や課金による収入を獲得している。

振り返って日本はどうだろうか。日本におけるネット企業も、アメリカほどではないもののその躍進は著しい。広告メディアとしてそれは顕著なものだった。２０２０年度の日本の広告費総額は、6兆1600億円である。その中でインターネット広告は2兆2290億円を占め、初めて第1位を獲得した。かつての王者、地上テレビ広告は1兆8949億円で第2位に甘んじた。21年度はインターネット広告費が、マス4媒体（新聞・テレビ・ラジオ・雑誌）総広告費をも上回る結果となった。さらに22年度に至っては広告費総額が過去最高の7兆1021億円となる中で、インターネット広告は3兆912億円を稼ぎ出し、広告収入として堂々の第1位となった。2019年から数えて僅か3年で1兆円の上積みに成功している。ネット広告の鼻息は荒かった。これに対してテレビ広告費は前年より回復したものの、1兆8019億円に留まり、かつての「2兆円産業」の面影はもはやない。メディアの覇者は、テレビからインターネットに明らかに代わり、「汎テレビ」時代から「汎インターネット」時代となった。

インターネット広告の売り上げは、動画広告、検索連動型広告、EC広告、ディスプレイ広告、それらの制作費と成果報酬などに分類される。この中で2020年度の数字を使うと、動画広告は3862億円（前年比121・3％）を売り上げ、ネット広告全体の17・3％を占めた。動画広告はインストリーム広告（1705億円）とアウトストリーム広告（2063億円）に分けられるが、そのインストリーム広告の売り上げの大半は「ユーチューブ」が占めていた。それは第2位の「ＡＢＥＭＡ」、第3位の「Ｇｙａｏ」を大きく引き離した。序章で記したように「ユーチューブ」のセールスマンの鼻息が荒くなるのもむべなるかな、である。アウトストリーム広告の御三家は「ヤフー！」「インスタグラム」「ツイッター（現・Ｘ）」であり、そこに「メタ」や「ＬＩＮＥ」が加わる。検索連動型広告の主力はグーグルだ。こうしたネット広告が「右肩上がり」の成長を続け、広告で成り立ってきた地上民放テレビの経営を圧迫する存在となっている。

無料広告放送と並立する有料課金サービスでも、有料動画配信が衛星有料放送を圧迫している。スカパーやＷＯＷＯＷはその直接的な影響を受け、加入者減や低迷がうかがえる。

有料動画配信は２００８年には在京キー局系のものが始まっていたが、衛星有料放送事業に影響を及ぼすには至っていなかった。しかし、２０１４年の「Ｈｕｌｕ」（日本テレビ他）、16年の「ＡＢＥＭＡ」（テレビ朝日、サイバーエージェント）、そして、ＴＢＳ・テレビ東京・ＷＯＷＯＷによる「Ｐａｒａｖｉ」（２０２３年7月、Ｕ-ＮＥＸＴと統合）などが相次いで誕生し、国内資本の有料サービス事業が強化されていった。

そこに海外資本である「ネットフリックス」「アマゾン・プライム・ビデオ」「ＤＡＺ

N」「ディズニープラス」などが加わる。汎テレビ時代に衛星放送が創り出した「百花繚乱」が、いまはネット動画配信の「十八番」となってしまった感がある。

なお、デジタルコンテンツ協会によれば、国内の動画配信事業は2021年4230億円を売り上げ、前年比プラス14％という伸び盛りの事業となっている。

有料動画配信は現時点で海外資本の勢いが強いようだ。豊富な資金力、世界標準の「規模の経済」、多角的な収入源による経営体力の強さなどが理由として挙げられよう。しかし、国内勢力も昨今、海外勢に対抗しようと躍起になっており、その活動ぶりから目を離せない。

話を「無料広告放送」市場に戻そう。

広告市場でのインターネットの伸張はテレビにとっては憂慮すべき事態である。それが時代の変化であり、その変化には容易に抗えないことは承知している。ビジネスは弱肉強食なのだ。しかし、私が懸念するのは、「弱肉強食」のビジネス的な部分ではなく、非ビジネス、プライスレスな部分の弱体化だ。言い換えれば、マスメディアの価値の衰えとそれによる「民主主義」のための機能の低下だ。

ＳＮＳ等によって「新しい広場」が出来、「新しい民主主義」が登場するかもしれない。それは時代の趨勢なのかもしれない。しかし、その「新しい民主主義」は、これまでの民主主義から非連続に、そして、ラジカルに替わるものではなく、連続的に穏健に替わるものであって欲しいと思う。伝統的なマスメディアと新興のネットメディアの適正な融合があってこそそれが実現できると思う。ネットの台頭。それはそれでいい。その一方で、テレビはテレビのメディア価値を失ってはならないと思う。そして、そのためにもテレビは「経営的な体力」を失ってはならない。

恒産なければ、恒心なし

「経営的な体力」とは、広告収入を主軸とするテレビ局の収入、集金能力のことだ。日本の広告費は前述のように２０２２年度に７兆円超という過去最高値を記録した。コロナ禍、ウクライナ侵攻といった不安定な世界情勢にもかかわらずそれを打ち消すかのように伸びた。しかし、その伸びた広告費の大半はインターネット広告の成長によるものだった。

テレビ広告費は漸減している。長期的に眺めれば、日本経済の低迷、少子高齢化と国力低下などのマイナス材料が目白押しで、広告費がこの先も伸びていくかどうかは不明だ。そして、その広告費を巡って「ゼロ・サム・ゲーム」が演じられていくことになる。インターネット広告費が伸びれば、自然とマス4媒体の広告費は減っていく。マス4媒体の中でもテレビの広告収入が減れば、制作費は減り、テレビ番組は劣化していく。テレビネットワークも弱体化していく。テレビの弱体化は「民主主義」の機能低下にもつながり、それは最終的には視聴者、国民の不利益になると思う。

「なに、テレビなんか無くなろうと、別に困ることはない」と断言する読者もいるだろう。「テレビなど端から視ていない。テレビ・ジャーナリズムなど不要だ」「インターネットさえあれば、十分に事が足りる」と考える人もいるかもしれない。そうした意見や考えは、ある意味で正しいが、同時にある意味で間違っている。

今日、確かにインターネットの果たしている役割は大きい。SNSが創り出した、新たな「情報空間」の価値や機能も理解している。その現場性、当事者性、速報力、拡散力はテレビを凌駕するところもある。しかし、何か腹に落ちない。それが、マスメディアのようなプロのジャーナリストを介した「編集権」に基づいていないためだろうか。アルゴリズムが支配する「空間」で生まれる、「フィルターバブル」や「エコーチェンバー」といった弊害。それらに導かれる「対立」や「分断」も気になっている。インターネットは広告媒体としては優れてトップの座に上り詰めたが、民主政体を形成し、それを支えるメディアとしてはまだ成熟していないのではないか。

「自分の意見をきちんと伝えること。同時に他人の意見も尊重すること」

そうした民主主義の大原則とズレたところにネットの言論は陥りがちだ。それは民主主義の「危機」である。そうした事態に抗うためにマスメディアにはまだまだ踏ん張りが必要だと思う。そして、そのためにもテレビは経営的体力を維持しなければならない。

「恒産なければ、恒心なし」

昔、漢文の授業で習った言葉だ。適正な収入がなければ、人々は平常心を失ってしまう。貧すれば鈍する。真っ当な成果を残すことができないという教えだ。

マスメディア、テレビが平常心を維持し、真っ当なメディアの役割を果たすには、適正な収入を維持し続けなければならない。広告市場の動向もある。広告以外に収入の道を探す手もある。何らかの方策によって「恒産」を得ていかなければならない。その方策のひとつに抜本的な組織変革である「テレビ局再編」が、議論の俎上に載せられてもおかしくはないだろう。

「テレビ局再編」をポジティブに考えてみたい。退くのではなく、進むための再編を考えたい。テレビだけの閉じた過当競争ではなく、テレビの外にいるメディアと伍するための再編。様々な要素に鑑みてテレビは次代の戦略を練らなければならない。そのためには先ず、「骨太で筋肉質」な体質になっていくべきなのだろう。

第4章　インターネットと、放送の自律

安倍元首相と「放送の政治的公平性」

「テレビ局再編」というテーマに向けた「ネットと放送の関わり」についてはこの章が最後だ。ネットと放送はこの30年、様々な形で絡み合ってきた。両者が競合と融合を重ねる中で、放送はある時、自らの在りようについて強く再確認をする機会を得た。

それは戦後最長の政権運営を果たした、故・安倍元首相が首相の座にあった時の出来事だった。安倍首相はその時、改革（私は改変と称するが）の名の下に「放送制度」を変えることに力を傾注した。２０１７年秋から始まり、18年初夏まで続く一連の出来事だった。

政権はその終盤で「綻び」が目立ち始めていた。二つの学校法人を巡る疑惑、「モリカケ問題」は綻びの最たるものだった。「森友学園」への国有地払い下げと「加計学園」

の獣医学部新設で安倍政権が彼らに特別な便宜を図ったのではないかという批判の声が上がり、テレビ報道でもそうした批判が増えていった。それは安倍首相には耳障りな話であり、彼はそれを嫌った。そして、テレビと距離を置き、それに代わるものとしてインターネットテレビを選び、そこにナマ出演して自らの主張を滔々《とうとう》と述べた。17年10月のことだ。この出来事はまた、安倍首相がその後、「嫌悪する」テレビに一線を引き、「好感する」ネットへと傾斜していくきっかけにもなった。

この出来事には伏線がある。首相のネットテレビ出演より1年8か月前の16年2月のことだ。この時、「放送の政治的公平性」について国会で盛んな議論が行われていた。問題を提起したのは安倍官邸だった。官邸は、いくつかのテレビ番組の中に見られた政権に対する批判的なコメントやインタビューについて度々クレームをつけていた。これを受け、高市早苗総務相（当時）は、テレビの政治的公平性は、「放送事業者の番組全体」を見て判断するという従来の法的解釈を変更して、「個別の番組」によって判断することもあると国会答弁した。つまり、ひとつの放送局の放送全体という大きな括りの中で政治的公平性を判断するのではなく、個別具体的なひとつの番組において、もしも一方に偏った意見が放送された場合は、これを法律違反の処罰の対象とすることを示唆したのだ。

　この解釈変更はテレビ報道に対する圧力ではないかと当然ながら各方面で議論を呼んだ（因みに、その一連の出来事の裏側は、７年後の２０２３年の国会で野党が提出した総務省の「内部文書」で暴露され、政権に批判的なテレビ番組に反発していた当時の首相官邸の内情や、横暴な官邸官僚による圧力の実態が白日の下に晒されている）。

放送法４条の「立法事実」

２０１６年国会の話を続ける。高市総務相答弁はこの時、放送法の根幹を成す「放送法４条」の解釈にも及んでいた。

　放送法４条にはこう記されている。

「放送番組の編集に当たっては——
（１）公安及び善良な風俗を害しないこと。
（２）政治的に公平であること。
（３）報道は事実をまげないですること。
（４）意見が対立している問題については、できるだけ多くの角度から論点を明らかにすること。」

これらの条文は当然であり、至極適正なものだと思う。私たち放送人もこの放送法4条を「倫理規定」として支持し、順守してきた。そして、テレビの「編集権」の根幹を成すものとしてきた。しかし、安倍官邸と総務相は、この4条解釈に従来とは異なる見解を示して放送法支持者を揺さぶった。新たな政府見解は、放送法4条を「倫理規定」ではなく、違反に際して行政処分（停波）を行うための「処罰の根拠」であるとした。この見解が先述した2016年通常国会の高市総務相答弁に盛り込まれた。「処罰の根拠法」答弁によって、放送業界の中には前後の見境なく、処罰回避のために「放送法4条廃止」を唱えるものも現れるなど混乱が生じた。

しかし、放送法4条の主旨が「倫理規定」なのか「処罰の根拠」なのかは明らかだった。放送法はその「立法事実」に基づいて考えれば、放送が政府と距離を保ち、自らを律していくための「倫理規定」であると解釈することが妥当だったからだ。

立法事実とは何か。法律を考える時に私たちは先ず、その法律が制定された当時、どんな事実があり、どんな理由で何を目的として法律が作られたのかに目を向けなければならない。その事実が立法事実だ。放送法については、立法の背景に、放送が先の戦争で「大本営発表」を垂れ流し、戦争遂行のための一翼を担ってしまったことに対する反省があった。そして、その反省の上に立って放送は政府と距離を置き、「自律」するべきだという考えが打ち出されていた。

原案を示したのは終戦直後に日本を占領したGHQだった。彼らは日本の民主化にあたって、放送局が「政治的公平」「事実報道」を自律的に守っていくことで民主主義の実現に貢献するものだと確信していた。そして、その象徴が「放送法4条」だった。

4条ばかりではない。放送法にはまた、「字幕・解説放送」(4条の2)、「訂正放送」(9条)、「放送があまねく受信できるように努力する義務」(92条)、「マスメディア集中排除原則」(93条)といった、普段は目立たないが、しっかりと国民生活や福祉に寄与している条文も数多く存在する。

それらの法制度は放送に対する国民の信頼を担保するものである。そうした立法事実や放送の信頼性に対する議論は置き去りにされたまま、安倍官邸の放送法改変の動きは徐々に高まり、2017年秋、遂にその「サブマリン」が大きく浮上した。

「戦後レジーム」からの脱却」を掲げた安倍首相にとって、GHQの置き土産である「放送法」は現行憲法と同様に元来、変えるべき目標だったのかもしれない。

放送法改変論議への反発

安倍首相は決して「メディア嫌い」ではなかった。その陽性な性格はむしろテレビに向いていた。しかし、同時に彼は為政者だった。放送法の解釈変更やネットテレビへの傾斜といった一連の出来事は、耳の痛い意見は遠ざけ、都合のいい意見には耳を傾けたい、傍に置きたいというものだ。その思いは古今東西の為政者の生理と合致する。

２０１７年10月のインターネットテレビ出演後に首相が発した言葉にテレビ界は震撼した。

「ネットテレビには放送法の規制が掛からない。しかし、視ている人たちにとっては地上波もネットテレビも全く同じだ。日本の法体系が追いついていない状況だろうと思う。電波においても思い切った改革が必要だと思う」

首相はそう述べて、現行放送法を変える意向を示した。彼の改変論は、テレビが戦後60余年、順守してきた「公平」「公正」「事実の希求」という自律的な規律を破棄させ、ネットと同じように「規制がなく」「恣意的な」メディアに変えてしまおうというものだった。その改変発言は止まなかった。

「通信と放送の垣根がなくなる中、電波の有効利用のため放送事業の在り方の大胆な見直しも必要だ」（未来投資会議　2018年2月1日）

「ネットに新たな規制を導入することは全く考えていない。米国は公平性のフェアネス・ドクトリンを止めた。『自由に主張してください。その中で視聴者が選択すればいい』ということになった。テレビに規制が必要という人がいるが、そういうことも含めて規制改革推進会議で議論していきたい」（衆院予算委員会　2018年2月6日）

2018年3月の共同通信の特報によれば、放送制度改変の方針は次のようなものだった。

・通信と放送で制度が異なる規制・制度を一本化する。
放送法4条などを撤廃する。放送の著作権処理の仕組みを通信にも展開する。
・放送のソフト・ハード分離を徹底し、多様な制作事業者の参入を促す。
・NHKは公共放送から公共メディアへ移行させ、ネット活用を本格化させる。
但し、NHKについては放送内容に関する規律は維持する。
・多様な事業者が競い合い、魅力的な番組を消費者に提供できる成長市場を創出する。
・電波放送に過度に依存しない番組流通網を整備する。

これにより国民の財産である電波の有効活用を一層可能にする。

これらの方針は、安倍政権が主宰する「規制改革推進会議」で議論するとも報道された。その一方で「隠れた目論見」として、インターネット優遇の新法も検討されていた。

それは次のようなものだ。
・ネットと放送の異なる規制を一本化し、放送法を撤廃する（放送法撤廃）。
・放送に認められた簡便な著作権処理をネットにも適用する（著作権者の権利制限）。
・ハード、ソフトの分離で放送のメディア・パワーを弱体化させる（垂直統合の廃止）。
・ソフト事業者は免許不要として、希望すれば、同一条件で放送波を使える（放送事業者の弱体化と平準化）。
そこには放送を骨抜きにし、同時にネットの伸張を図る意図が明確に示されていた。

そして、「ＮＨＫとネットがあれば、民放は不要」と言い切っているかにみえた。改変案はこれ以外にも「外資規制撤廃」という国の安全保障に関わる問題や、空いた周波数のモバイル転用というネット主導の市場経済主義も盛り込まれる運びだった。

メディア界重鎮の説得

こうした安倍首相の放送制度改変に民放連や在京テレビ各社は激しく反応した。日本テレビ・大久保社長（当時）は「放送が果たしてきた公共的役割と、放送と通信の違いについて考慮がされていない」と強く反発し、民放連幹部も「全く容認できない。国民の健全な世論形成に大きな影響がある。規制緩和や自由な言論という『甘言』の裏で国民生活をないがしろにする、悪しき市場経済の導入が考えられている」と批判した。別のキー局幹部も「政権は自分の意向を代弁してくれる放送局を作りたいのではないのか」と首相の真意を訝《いぶか》った。マスメディアの先輩格である新聞もこぞってこの改変論に反対論調を採った。テレビの役割、在り方については新聞も全く軌を一にしていた。

論戦の最中、安倍首相と民放連首脳が意見交換で会食の席を持ったが、首相は頑なに持論を展開して譲らず、民放連首脳も真っ向から反対論を述べたため、穏やかに意見を交換するはずだった会食の席が激しい議論の場になってしまったというエピソードもある。

安倍首相は自ら提唱する放送制度改変に固執し続けた。しかし、言論界をリードする新聞、改変の当事者であるテレビの「安倍包囲網」は着実にその網を狭めていった。それに加えて永田町では野党各党がこぞって反対の論陣を張った。そして、とうとう政府部内でも野田聖子総務相（当時）が首相の考えに否定的な見解を示すなど、改変案に「無理筋」の空気が漂った。さすがの安倍首相も、ここに至ってこの改変論を進めるのは困難と理解した。彼は持論を曲げなかったものの、当初予定していた「規制改革推進会議」での議論を断念した。

最終局面で首相に矛を収めさせたのは、彼が敬愛するメディア界の重鎮の「説得」だったと言われている。安倍首相もメディアとの全面戦争は回避せざるを得なかったのだ。２０１８年６月に発表された「規制改革推進会議」の答申に放送法改変案は見当たらなかった。23年6月の最終答申にも「放送コンテンツをネットで配信する基盤を整備すること」といった当たり障りのない文言だけが記され、当初の過激な民放不要論も影を潜めていた。放送業界を大きく揺さぶった「安倍ショック」はこうした収拾した。そして、放送制度改変論は一旦、棚上げされ、それが再燃する気配は当面の議論からは消えた。

求められる「自律」「倫理」

「ネットと放送の関わり」に関する一連の章の最後にこの放送制度改変論の話を何故、

記したのか。それは、ネットと放送の互いの立ち位置、依って立つものを明確にしておきたかったからだ。

　放送は終戦直後に掲げられた放送法の「理想」に向かって70年かけて現在の形を作った。一方で近年、「テレビがつまらなくなった」という言葉を聞く。そこには「昔のテレビは面白かった」というノスタルジーもある。しかし、実際のところ、昔のテレビが面白く感じられたのは、「無秩序」「混迷」「送りっ放しで無責任」という揺籃期から成長期に向かうテレビの無邪気さ、幼さにその理由のひとつがあったと思う。その頃のテレビは「人権意識」も低く、「個人情報」といった言葉も、ＢＰＯ（放送倫理・番組向上機構）もなかったのだから。

　しかし、テレビは成長し、成熟していく。その過程で放送法４条に代表される「自律」という精神も少しずつ醸成され、テレビの編集権も確立されていった。その成長過程を顧みる時、単純に規制を撤廃してインターネットと同じようにしてしまえばいいという考えには同意できない。

　マスメディアが作った「言論・情報空間」と、ネットが創り出した「空間」が相互に影響を及ぼし合うことで、より優れた「空間」、新しい民主主義が生まれてくるのではないかという期待を何度か記した。その考えに嘘はない。しかし、それと同時にテレビが作ってきた「空間」にある「自律」や「倫理」については譲ることはない。むしろそれらはネットの「空間」にも学び取って欲しい。それが、ネットの「空間」に散見する様々な弊害を是正するひとつの方法だと思うからだ。テレビとインターネットの作り出す「世界」の差異を確認しつつ、お互いに譲るべきところは譲り、守るべきところは守り、学ぶべきところは学ぶことで、適切な「融合」が図れるのではないか。そうした思いを込め、この章を記させていただいた次第である。

この放送制度改変の話から2年後の2020年8月に安倍首相は、体調不良を理由に辞意を表明した。そして、さらにその2年後に私たちは彼の突然の訃報を聞くことになる。

2022年7月8日、安倍元首相は参院選の応援演説で訪れた奈良市内で凶弾に倒れた。その死は、戦後77年の政治史の中で最長の政権を運営し、内政・外交でひとつの大きな時代を築いた政治家の死だった。ここに衷心より哀悼の意を表したい。

第5章　テレビ経営の現在位置

キー局と地方局の関係

本章からは、「テレビ局再編」というテーマに向けて、やや生臭い話に突入していきたい。先ずは、ネットワークとはなんぞやというお話から。

２００４年に日本テレビのメディア戦略部長となった私は、08年には「ネットワーク部」も所管することになった。「日本テレビ」の正式名称は、「日本テレビ放送網」（英文社名・Nippon Television Network Corporation）だ。この「放送網」（Network）という言葉には、日本テレビの創業者・正力松太郎氏がこの会社によって全国に放送・通信網を張り巡らすという大望が籠められていた。しかし、その壮大なネットワーク計画にはNHKなどが強く反発し、時の政府にも認められなかった。その結果、「日本テレビ放送網」は関東エリアの放送局の立場に留め置かれた。しかし、思う。70年というテレビの歴史を経て、日本テレビは北海道から鹿児島まで29の地方局を束ねる「日本テレビネットワーク」を形成した。それは正に「日本テレビ放送網」だった。「ネットワーク部」を所管してそんな創業の思いを肌で感じた。蛇足ながら、日本テレビは「BS日テレ」を傘下に置くことで、地上の「放送網」のみならず、衛星による「全国放送」も可能になった。そして今日、インターネット配信という新たな配信網を得ることでもうひとつの全国ネットワークも実現した。創業の思いは十二分に叶えられたと思う。

日本テレビと系列地方局の関係についてお話ししたい。

日本テレビはスポンサーから得た広告収入で番組を作り、番組と広告を放送することを生業としている。全国放送をするために必要となるのが、各地の放送局だ。

系列地方局は、系列ではあっても「独立採算」の別企業だ。日本テレビの要請には対価をもって応じている。番組と広告を全国放送するにあたってキー局から「配分電波料」（あるいは「支払い電波料」）と呼ばれている料金を貰うことになっている。キー局制作のリッチコンテンツ（制作費の掛かった番組）が、おカネつきで貰えるのだから、「美味しい商売」であることは間違いない。しかし、その代わりに視聴者が最も多い、ゴールデン・プライム（夜7時から11時まで）の放送枠をキー局に譲り渡すことになる。この時間帯の視聴率競争が地元ライバル局との競争に大きな影響を与えるのであるから、「美味しい」とばかり言ってはいられない。低い視聴率の番組を東京キー局に押しつけられれば、それは自分たち地方局の視聴率や営業成績にも影響する。自社制作しているローカル番組に対する視聴者のイメージも低迷してしまう。ネットワークにはそんな「宿命」があるのだ。キー局がうまく運営され、その番組が高視聴率を取り、高額でセールスできれば、系列地方局の視聴率も上がり、配分電波料の額も増え、自社セールスもうまくいく。東京キー局と系列地方局はその意味では「運命共同体」なのだ。

日本テレビ系列という運命共同体は、「NNS（日本テレビ・ネットワーク・システム）」と命名され、地上テレビネットワークを形成している。他系列でも例えばフジテレビ系列は「FNS」といった名称でフジテレビと系列地方局がネットワークを形成している。

もうひとつ、テレビのジャーナリズム機能を発揮するためのネットワークも形成され日本テレビと系列局が相互協力してニュースの取材を行い、全国報道する仕組みだ。それが「NNN（日本ニュースネットワーク）」と呼ばれているニュース報道ネットワークである。TBS系列はJNN、フジ系列はFNN、テレビ朝日系列がANN、テレビ東京系列はTXNといったニュースネットワークが組まれている。

このふたつのネットワーク、編成・営業を軸としたネットワークと報道のネットワークが、テレビ固有のメディア・パワーを生み出すための強力な仕組みとなっている。そして、日本テレビのネットワーク部はNNSの事務方として中心的役割を果たしている。

ネットワーク部の日常業務は、キー局の編成や営業について、系列各局と連絡調整することが主たる仕事だ。そうした業務は「トラフィック」と呼ばれている。このトラフィックには、「24時間テレビ」など系列全局が参加する「特別番組」の調整や、系列挙げての全国キャンペーンの取りまとめもある。そして、系列局全局が注目する「配分電波料」のための業務もこのセクションが預かっている。「電波料」の原資は、先述のとおり、日本テレビが番組提供スポンサーから頂いた広告収入である。その広告収入の中から定められた分配率に応じて系列各局に電波料が分配される。分配率は、系列局のエリア人口、エリア市場規模、スポットの獲得視聴率、地元への貢献度そのほかを件《くだん》のネットワーク部が「査定」し、決定される。査定と分配率の決定。そして分配率に基づいた電波料の実際の支払い。それらを全てネットワーク部が所管している。「査定」と「見直し」は定期的に行われ、系列局東京支社がその「査定」に強い関心を示すのもまた当然のことである。なんとなれば、電波料は東京支社の売り上げとして計上されるためである。

このため系列局東京支社は、「査定」に対する準備活動に余念がない。そして、この電波料対応とは別に、東京支社の売り上げを左右するローカル自社番組の在京スポンサー、広告会社へのセールス作業も重要な仕事となっている。さらにキー局の動向調査、ローカル放送用の番組買い付け、自社制作番組の他局へのセールスなどもある。東京支社は、後述の「幕藩体制」アナロジーでいえば、「江戸屋敷」だ。東京支社長は「江戸家老」の職責を担い、「江戸詰め」の支社員たちは「生き馬の目を抜くような」東京の流儀と日々、格闘している。本社には地元ならではの良さがあるが、東京支社もまた、なかなかに刺激的な職場である。

ネットワーク戦略

ネットワーク部にはもうひとつ、大きな業務がある。それは、「ネットワーク戦略」だ。その「ネットワーク戦略」とは何か。

全国29の日本テレビ系列地方局は、異なる地域、異なる風土、異なる市場で経営を行っている。それは千差万別だ。そこには、各局各様の経営方針と経営課題がある。エリアの要素だけではない。免許制度の下にある放送局経営は、中央官庁の総務省が行う制度変更によってその経営が大きく左右されてきた。

過去には、地元エリアに放送用周波数が追加割当され、群がる希望者によって「新局」が出来た。これによってエリアの放送局数が変わる。エリアのテレビ広告費を巡る競争は激化し、経営環境は当然、厳しいものになる。BS衛星放送が始まった時は、それまで地上放送だけだったエリア内の均衡が崩れた。空から降ってくる電波、BS放送によって視聴率や全国スポンサーを奪われるのではないかという懸念や危惧が広がり、「炭焼き小屋論」が喧伝されたのは前述のとおりである。2003年以降、「国策」として進められた全国地デジ化は、地上放送局に否応なくデジタル投資を迫った。デジタルに移行してもアナログ放送は11年7月24日までは止められず、アナ・デジのサイマル放送をせざるを得なかった。

そうした国の制度の下に置かれたテレビ経営をどのように進めればよいのか。キー局はネットワークを代表して行政機関と交渉することもある。ネットワーク全体に関わる中長期的な課題を研究し、一定の解決策を見出す作業もネットワーク戦略のひとつである。

ネットワーク戦略には、口外無用の「機密」仕事もあった。系列局の課題や環境に鑑み、必要に応じた助言をし、経営戦略に資する計画を実施する。その目指すところとは「ネットワークの未来」だ。そして、そのために役員を派遣する。口外無用とはすなわち役員派遣の準備である。

キー局からどんな優秀な人材を送り込まれても、系列局からすれば、「ヨソモノ」だ。送り込まれる人材には、そうした系列局の思いを十分に理解し、「郷に入りては、郷に従う」柔軟な能力・胆力が求められる。その上で彼がこれまで培ってきた才能や経験を系列局のために発揮し、局経営に新風を吹き込むことが重要だ。そうした努力を経て、彼ははじめて系列局の仲間たちから信用と支持を勝ち得るのだ。しかし、それだけではまだ終わらない。

彼がさらに求められるものは、ネットワーク全体を俯瞰する力だ。中央のネットワーク戦略を理解し、系列局自身の立ち位置や地域との関係を把握し、系列局を善導する。他のエリアにある系列局とも「横のつながり」を築き、ネットワーク全体を結ぶ「太いパイプ」になっていく。彼が担うのは、次代のテレビネットワークの礎づくりだ。

私たちはネットワーク戦略の一環として、この任に見合う人材を探し出すことに腐心する。多くの有為な人材の中から彼を見つけ、キー局の経営首脳に提案し、彼を送り出す。送り出す方も送り出される方も、共に責任は重大である。ネットワーク戦略の要は「人」なのだ。そうした人材の選任と派遣は、いずれのキー局でも密かに、しかし、着実に行われている。

中央集権型と幕藩体制型

日本の放送、ネットワークについて、そのアナロジーを時々、考えることがあった。何に例えれば、似ているのだろうか。分かりやすいのだろうか。その結果、日本史のアナロジーが思い浮かんだ。

日本の放送はＮＨＫと民放による二元体制が採られてきた。その中で、ネットワークは「中央集権型」「幕藩体制型」、その「混合型」の三つに分類できると思った。

中央集権型の最たるものはＮＨＫである。中央・渋谷の方針は全国隅々まで伝達され、全国一律の方針で放送が運営される。ＮＨＫは採用や人事も本局でほぼ一括して行っている。

民放ではフジテレビが中央集権型と思われた。前述のとおり、ネット局はそれぞれ独立した会社として運営され、採用や人事は各社毎に行っている。しかし、放送の実務、例えば、編成・営業はキー局フジテレビが強く束ね、フジテレビを中心としたネットワーク支配が形成されてきた。地方局への役員派遣にも熱心だった。まさに中央集権型運営である。フジはまた、ネットワーク行政にあたって足枷《あしかせ》となりやすい「マスメディア集中排除原則」（マス排）については終始、「緩和」を志向する。マス排は役員派遣や出資の制約となるからだ。

幕藩体制型の最右翼はＴＢＳではないか。ＴＢＳネットワークの放送局は、ラジオ発祥の局が多い。そうした局は歴史が古く、設立の経緯から地元資本、とりわけ地元新聞の資本が必ずというほど入っており、中央のＴＢＳの資本は殆ど入っていない。ＴＢＳを江戸幕府に見立てると、全国の系列局はその土地に長い歴史を持つ「藩」に擬せられる。幕藩体制はまた、「連邦制」でもある。幕府は中央で政権運営をしているが、地方は各藩の自治によって運営されている。元来、緩やかだったＴＢＳのネットワーク支配に似ている。江戸幕府では「御三家」の発言力が強かったが、ＴＢＳネットワークで御三家に当たるのは、ＴＢＳ以外に、大阪・毎日放送（ＭＢＳ）、名古屋・中部日本放送

（CBC）あたりがそれだろうか。この大阪、名古屋のふたつの局は、TBSに勝るとも劣らない歴史と実績を持ち、近年では自ら「認定放送持株会社」を設立するなど派手な動きもしている。

中央集権型のフジテレビとNHK、幕藩体制型のTBSに比較して、日本テレビは、「混合型」だろうか。読売新聞と日本テレビは系列局に積極的に投資し、彼らへの発言権を強めてはいる。それは中央集権型のフジテレビに似ている。しかし、その一方で自立心が強い地方老舗局に対しては、TBSと同様に幕藩体制型でその自治を尊重してきた。

テレビ朝日も日テレと同じような「混合型」ではないかと思う。但し、テレビ朝日と朝日新聞からの資本が強い「平成新局」について（その多くは東北地方にある）、東京・テレビ朝日の指導力を強めている。一方、大阪、名古屋、福岡には「発言力の強い」老舗局がある。大阪・朝日放送（ABC）、名古屋・名古屋テレビ放送（メ～テレ）、福岡・九州朝日放送（KBC）の3社のうち、ABCとKBCの2社は「認定放送持株会社」を設立し、独自色を強めている。テレビ朝日ネットワークは「西高東低」だ。西の老舗局は自治力も強く、幕藩体制型。東の平成新局など比較的あたらしい局はそうした

「圧」は弱く、中央集権型に見受けられる。

親藩・譜代・雄藩

キー局と系列局を江戸幕府に例えるとどうだろう。東京キー局が幕府ならば、大阪・名古屋・札幌・福岡といった5大都市圏にある準キー局と呼ばれる放送局は「親藩」だろうか。いずれも規模の大きな局であり、系列によっては東京から資本や役員などの経営資源が投じられている。現時点ではそれぞれ独立して自治を営んでいるが、「テレビ局再編」などでは重要な役割を演じる可能性を秘めている。

「譜代」にあたる局は、全国の中堅都市にある、相応の規模を持つ地方局だろうか。ここも系列によっては東京から経営資源が積極投入されている。「譜代」局も「親藩」局同様、「再編」などの場面では重要な役割を担うであろうことは間違いない。

そして、「外様」ということになってしまうが、日ごろ親しくお付き合いしている局を、関ヶ原の合戦があったわけでもなしに、外様と表現するのは大変に失礼に感じるので、敢えて「雄藩」と表現させていただきたい。

「雄藩」は、全国の地方都市にある。雄藩は、地元資本、なかでも地元新聞と極めて深い関係がある。そんな老舗局である。ラジオ兼営社も多い。インターネットがなかった時代、ラジオこそが若者たちの「もうひとつの別の広場」を形成してくれた。パーソナリティと聴取者の「近さ」がラジオ人気を支え、絶大な支持も得ていた。あの時代、「ラ・テ（ラジオ・テレビ）」兼営社は「栄光」の放送局で、若いマスコミ志望者たちが憧れたものだった。

栄枯盛衰。今日、そのラジオが兼営社の経営を圧迫している。しかし、ラジオの特性と役割に変わりはない。在京のラジオ局はまだまだ元気だ。ネットとデジタルの時代にあって、それに対応できる新たなラジオの在り方が模索されている。「ｒａｄｉｋｏ」もある。こうした動きには期待している。

話が逸れてしまったが、雄藩には古豪の局もあれば、比較的新しい局もある。前者は歴史と伝統によって培われた資産もあり、経営体力も相応に強い。後者はやや心もとない。

この雄藩たちが預かるエリアこそが、「地域人口の減少」「高齢化」「地元経済の衰退」といった深刻な事態を最も顕著に抱えるエリアである。あまり悠長なことを言ってはいられない。エリア内に「経営困難局」が発生する可能性もある。その時、放送を護るために私たちは何をどうすればいいのだろうか。その方策はあるのだろうか。

「危機的状況」ではないが……

本書のテーマは「テレビ局再編」である。「再編」がなぜ起こるのかと言えば、ひとつは困難な状況を打開するためであり、ひとつは秩序の組み換えによって「新たな地平」を見出すためである。それを促す背景には経済的要因、まさに「恒産」の問題が多い。

それでは、テレビ業界はそんなに「危機的な状況」にあるのかというと、そう単純なものでもないようだ。ここでテレビ経営の現在位置を眺めてみたい。

「日本の広告費」（電通）によれば、「地上テレビ広告費」は１９８５年頃に１兆円を突破。そのあたりからずっと右肩上がりだった。90年代に入ると１兆５０００億円を超えた。

この数字はバブル崩壊で少しだけ減るが、97年には２兆円の大台に乗った。その後は多少の増減を経験したものの、２兆円の「高原状態」は続いた。それが崩れたのが２０

０８年から２００９年である。リーマン・ショックの影響を受けたものだった。この時にテレビ広告費は１兆７０００億円台にまで下落した。その後は横這い。そして、２０１９年は１兆８６１２億円、20年は１兆６５５９億円と下落したが、２０２２年は１兆８０１９億円にやや回復している。つまり、このレベルを保てれば、現行体制は維持できるものと思われる。

一方、インターネット広告は別次元だ。日本には２００５年頃に彗星のように現れたインターネットの広告費は当時、５０００億円弱。テレビの４分の１だった。しかし、ネット広告は急速な成長カーブを描き、あれよあれよという間に伸びていった。２０１８年にはテレビ広告とクロスしてそれを抜き去った。２０１９年には２兆１０４８億円、２０２０年には２兆２２９０億円へと伸び続け、その伸張ぶりは止まらない。２０２２年には３兆９１２億円となる。この年に過去最高となった日本の広告費総額７兆１０２１億円の内、なんとインターネット広告は43％ものシェアを獲得してしまった。我らがテレビは25％に留まった。

テレビがインターネットに「メディアの王座」を明け渡して久しい。「テレビ広告２兆円台」は昔日の思い出であり、広告費総額がこの先たとえ伸びようとも、大半はネットにもっていかれる予感がしている。そう愚痴をこぼしつつ、だからと言って、テレビ局がこの数年でバタバタと倒れることはない。

ひとつはテレビのメディア・パワーである「リーチ力」「コンテンツ力」は依然、健在で、その集金力もまだ強いからだ。現時点でのテレビに危機感を抱くテレビマンは多くはない。それよりも現業でいかに成果を上げるか。視聴率も高く、質も高い番組の制作とそれによるセールスで少しでも売り上げを伸ばしたい。意欲的なテレビマンたちはそう考えている。これは、健全なことだと思う。しかし、テレビの「明日」、となるとやや心許ない。「再編」論などは当然、不安が付きまとう。テレビの業界内というよりも外側から真偽入り混じった情報や噂が流れ込む。そのためか若手テレビマンの中にはテレビに見切りをつけてテレビを去ってしまうものすらいる。これはテレビにとって、さらには視聴者、国民にとっても大きな損失だと思う。

「ゆでガエル」になっていないか？

かつて若いテレビマンがやや深刻な顔で語ったことを思い出す。「ゆでガエル」の話だ。

蓋つきの容器にカエルと水が入っている。容器を下から非常にゆっくり加熱すると水は少しずつ温められていく。当初はぬるま湯で温かい。カエルはぬるま湯に馴れてしまう。気づかない程度に少しずつ水温が上がることにカエルは順応し、蓋を破って逃げ出すこともなく、ついに水が沸騰して「ゆでガエル」が出来上がる。

〈自分たちは「ゆでガエル」になっていないでしょうか〉

彼の問いかけに私は即答できなかった。

「20年後」を問われるのであれば、テレビ業界は大きく変わっていると確信できる。しかし、それがより近接した「10年後」、切迫した「3年後」「5年後」となると話は別だ。そう簡単には答えは出せない。この時点で「ゆでガエル」が始まっているのかもしれないが。

少々厄介なのは、切迫した「急変」が全国の放送局に等しく訪れる訳ではないところだ。全局ではなく、一部の局に。全系列ではなく、一部の系列に起きるものとなると問題認識は複雑化する（ただ、その影響は一部に留まらなくなることも容易に想像できる）。

２０２０年度の民放決算は「赤字決算」が多かった。地上民放１２７社中、20社が最終損益で赤字を計上した。内訳は系列地方局16社、独立U局４社である。この年はコロナ禍の影響もあった。21年度決算では民放各局とも売り上げを前年より伸ばしたが、それはコロナ禍前の19年度には及ばなかった。赤字局は系列局で11と、若干回復している。

さらに22年度だが、赤字局は20社あった。そうした逼迫した局が同じエリア、同じ系列内に存在することは、少なからぬ影響を放送業界全体に及ぼす。

テレビ経営の現在位置は、長く続いた安定期の終盤にあるのかもしれない。インターネットへの対応に苛《さいな》まれながらも会社組織を支える集金力はまだ安定している。しかし、眼には見えない危機が、いま、そこにあるのかもしれない。

それだからこそ、「未来へのビジョン」を持ち、次に来る時代に向けた一手を打つべき時なのだと思う。それは、テレビマン一人では、放送局一社では考えつかない、準備しきれないものかもしれない。しかし、そのためにネットワークがある。ネットワークの仲間がいる。仲間と「次の一手」を考え、そして挑む。テレビ経営はそういう位置にあるのではないかと思っている。

地域力というパワー

テレビが打つべき、次の一手。テレビが持つべき「未来へのビジョン」。それを考える時に再確認しておくべきことがある。テレビの基礎、とりわけ地方局の在りようだ。それはテレビがこの先も続くにあたって、求められ、変わらないものだ。

地域社会において地方局は必要にして不可欠な存在だと思う。そこから送り出される「ジャーナリズム」「安らぎ」「笑い」「感動」等々。そして、放送という枠の外においても、地方局は地域社会から多くのものを求められ、期待されている。地方局は、地域という共同体を維持・運営するための役目も果たさなければならない。そのための力を私は「地域力」と定義づけたい。

「地域力」の最たるものは、ローカル・ジャーナリズムだ。地方局は、地域における最も強力な情報発信拠点だ。丹念な地域取材を行い、身近で不可欠な情報を掘り起こす。そして、地域全域にそれらを伝える。そうした情報が地域社会を支えている。

「地域力」は、地元の自然災害や有事に際して大いに発揮される。

地方局の社員・スタッフは決して多くはない。しかし、一朝事あれば全員態勢でそれに臨む。地震や津波、噴火や火災。時には、隣国からのミサイル発射もある。そうした有事に地域が見舞われた時、彼らは昼夜を分かたず、伝えるべき情報を一刻も早く地域に伝えようとする。そのことが地域と地方局の「信頼の絆」を強めている。

情報発信はまた、全国に向けても行われる。地方局発、全国へ。テレビネットワークがそれを可能にする。その時に地方局は地域を代表する「顔」になる。

全国の大半の地方局がそれぞれの地域で夕方のローカル・ワイドに鎬《しのぎ》を削っている。放送時間の長い局では、平日3時間を超えるナマ放送が行われている。ある地方局は「生放送、双方向、得する情報」というコンセプトを30年以上、守り続け、歴代の制作者たちの創意工夫によってそれは続いている。こうなると番組は局のものではなく、地域社会のものである。

そうした長寿番組が地方局には多い。東京発の全国ニュースより、地域発のローカルニュースの方が地域社会から高い支持を得ている。それが伝える「ジャーナリズム」は地域社会にとってはなくてはならないものだからだ。

放送を地域全体にあまねく届けることも地方局の大事な「地域力」だ。難視聴や電波障害があれば、地方局はそれに速やかに対応してきた。放送を途切れることなく送り届けること。テレビに当たり前のこととして求められている事柄だ。テレビは地域の絶対的なライフラインだからだ。それを守るための地方局の設備管理は徹底している。有事に通信系メディアが回線遮断や輻輳《ふくそう》で不通になったとしてもテレビは途切れない。堅牢な設計思想に則った仕組みと管理によってテレビは有事情報をいち早く一斉同報する。その「地域力」は地域社会にとって最も頼りになるものだ。

そして、もう一点。地域の経済や文化に寄与する「地域力」もある。テレビ広告は、映像・音声、テレビ固有のリーチ（到達力）、浸透力によって確実に地域の購買意欲を惹起してくれる。それは地域経済の活性化に直結している。その力はまた、地域社会が直面する「人口減少」「過疎化」「少子高齢化」といった難問に対する解決のカギでもあると思う。

地域文化では、放送での紹介や支援はもちろんのことだが、放送という枠を超えたところでも地方局はその一端を担っている。地域にある「祭り」「イベント」「コンサート」「美術展」等々、地方局とそれらの関わりは深い。全国の地方局の多くが半世紀を超える歴史を持っており、彼らは「地域のエスタブリッシュメント」かつ「世話役」なのだ。互助の精神が求められる地域社会にあって、彼らは重要な構成員として組み込まれている。地方局の協力なしでは立ちゆかない事業や活動も少なくない。「地域力」はそれに応える。

土着的な地域社会の真ん中に地方局はいる。そして、その「地域力」によって地域を支えている。このことを未来のテレビは重く見なければいけない。「再編」論は、テレビ全般を捉えた「マクロ視点」で語られることが多いが、実は地域から眺めた「ミクロ視点」も重要である。「未来へのビジョン」を考える時にそれは十分に留意したいと思う。

「ゆでガエル」の不安を一蹴する最大の方策は、実は、テレビマンたちがいま現在、真剣に向き合っている地域社会と、そこに資する「地域力」を今後どう磨いていくかを考え続けることではないか。別の言い方をすれば、それが出来る地方局こそがその地域エリアで確実に生き残り、放送事業を続けていけるのだと思う。

シンクタンクによる経営シミュレーション

テレビ経営の現在位置を測ろうと、民放連や各ネットワークは２０２０年代に入って相次いで経営シミュレーションを行った。経営数字が集められ、シンクタンクが分析した。経営数字は、各局のエリア特性、決算結果、局固有の資産状況などが集められた。

シンクタンクはそれらを基にいくつかのパラメーターを設定して各局やネットワークの将来予想を行った。

集められた数字には秘匿性の高いものもあり、穿《うが》った見方をすれば、全ての数字が素のままに提供されたかどうかは怪しい。また、パラメーターの収入予想は右肩下がりを与件とし、景気変動に伴う収入の増減も排除されるなど、分析モデルは簡略化されている。従って、これらのシミュレーションがどの程度、確度の高いものであるかは正直、論評できない。だから、あくまでも参考だ。

しかし、その上で全体像を眺めても、やはり一部の局に「経営困難」の匂いはする。一部の地方局では2025年にも経営に「黄信号」が灯り、早ければ2030年にも「赤信号」が点滅するという。それは「経営破綻」を示唆している。テレビ経営の現在位置は、現時点では安定した台地にあるものの、立ち位置によっては崖や急斜面に位置している局があるのかもしれない。そんな思いにとらわれる。

シンクタンクがそうした結論を導き出すにはいくつかの理由がある。

「少子高齢化」「人口減」は与件だ。いずれも不可避の課題である。但し、「人口」については東京、大阪、名古屋の大都市圏は深刻ではなく、その問題は当然に、地方において指摘された。そして、その地方もエリアにおいて深刻さの度合いが異なる。

人口に関する「負のスパイラル」は既に始まっている。地方から都市への人口流出。その結果としての地方の過疎化。それによって地方の勢いは減じ、購買力も低下する。エリアに投下される広告費も減じていく。地方の広告市場がシュリンクするならば、そこでテレビ局が無料広告放送を続けるためには何らかの対策が必要となる。そうした対策を講じる前に追い打ちをかけるように進んだのが、ネット広告の伸張だった。前述のように、２０２２年のネット広告費は３兆９１２億円にも上る。テレビ広告費は前年より持ち直したとはいえ、１兆８０１９億円に留まり、彼我の差は続く。さらに広告費のインターネット・シフトは続いている。

「黄信号」や「赤信号」の局も

シンクタンクの経営分析のうち、収入予測の「パラメーター」には、「電波料」（キー局から配分される）と「ローカルセールス」（ローカル番組の自社セールスによる）のふたつが使われている。想定されるいくつかの数値を「パラメーター」にはめ込み、経営予測が行われた。それが、先に記した「一部の地方局では2025年にも経営に『黄色信号』が灯り、早ければ2030年にも『赤信号』が点滅する」というものだった。

この結論にいたる、テレビならではの支出構造についても改めて認識させられた。それは、テレビ局特有の「固定費の下方硬直性」と「損益分岐点の高額化」だった。

テレビ局は放送と送信に設備投資する「装置産業」であり、同時に番組制作に人手が掛かる「労働集約産業」でもある。設備投資は減価償却として費用計上されるが、地方局にとっては結構な負担だ。一方の労働集約では社員・スタッフの人件費が計上される。人数が変わらないのであれば、人件費は増えこそすれ、減ることはない。そして、テレビ局にあっては、減価償却費と人件費のふたつが減少しない、経済学で言う「下方硬直性」の固定費として支出の過半数を占めている。

固定費の下方硬直はまた、損益分岐点を高止まりさせる。結果として、昨今のテレビ局は「利益の出にくい」収益構造になっている。損益分岐点が高いということは、収入が僅かに減っただけでも赤字転落する危険性をはらんでいるともいえる。

こうした経営分析を眺めていると、私のような「昭和」のテレビマンは驚くばかりである。かつて「高収入」「高利益率」「高給与」と喧伝され、嫉妬まじりに外野席から厳しく叩かれていたテレビ局は一体、どこに行ってしまったのだろうか、と。しかし、顧みれば、この収益構造は元来、存在していたものである。テレビはその開始当初から「装置産業」であり、「労働集約産業」だった。固定費が減じにくく、損益分岐点が高止まりというのも昔からだ。それが今、重荷になっているのは、日本経済が安定的な低成長の時代に入り、「汎テレビ」の時代も終焉し、強力な競合メディアが現れたからである。かつては勢いで蹴散らしていたものが、いまや重くのしかかってきただけだ。そう、時代は変わったのだ。

認識を新たにしてテレビ業界全体が変わらなければ、時代に対応できなくなることをシミュレーションは指し示していた。その対応策のひとつには「テレビ局再編」もあるのだろう。

蛇足だが、テレビがそうした変化を自ら考えるのは、あの昭和の時代にあった「我が世の春」を再び謳歌したいためではない。テレビがテレビとしての機能を堅持し、それによって視聴者、国民の役に立つメディアとしてあり続けたいがためである。「恒心」のための「恒産」である。

第6章　ネットワークは誰が救うのか

テレビ局再編を視野に入れた有識者会議

テレビ周辺が喧しくなる中、総務省は2021年11月に新たな有識者会議を立ち上げた。「デジタル時代における放送制度の在り方に関する検討会」。名称こそ地味だが、その狙いは「放送ネットワークの見直しと地方局の整理統合」だった。放送行政が「再編」を視野に入れて動きだした。

この有識者会議について記す前に、その2年前、2019年11月に起きた、ひとつの出来事を紹介したい。

その日、年に一度の民放大会の前夜。東京に全国のテレビ局のトップが集まっていた。テレビ局は慣例で系列ごとに「前夜祭」と称するパーティを開く。そのパーティに総務省幹部が来賓あいさつのため「はしご」するのもまた、慣例だった。その来賓あいさつの中で、事務方トップである鈴木茂樹総務事務次官（当時）が異例の発言をした。

異例とは、彼が「地方局の再編」について公言したことだった。これまで記したように、テレビ局のトップたちも経営環境の変化から「再編」という言葉は口にこそ出さなかったものの、胸には秘めてきた。そして、沈黙してきた。それは総務省も同じで、敢えて口外しないという「暗黙の了解」が成立していた。

しかし、その「暗黙の了解」を総務官僚のトップが破ったのだ。それは何故か。系列局社長たちが総じて驚きを隠せない中、鈴木次官は続けた。

「総務省は制度面の改正も含め、全力でサポートする。要望があれば言って欲しい」

彼は臆することなく、そう発言した。総務省がこの問題に本格的に取り組むと狼煙《のろし》を上げたのである。

「再編」と「制度改正」。それは憶測も呼んだ。そのひとつが第4章で触れた、安倍首相の放送制度改変の余波というものだった。安倍首相はあの時は制度改変を見送ったが、地方局再編に乗じて改めて規制緩和を行い、それによって放送と通信の間に新たな競争原理を持ち込もうとしているのではないか。メディア戦略担当者たちは身構えた。

しかし、私たちが鈴木次官の真意を知る前に事態は急転してしまう。彼が更迭されたためだ。その更迭理由は「地方局再編」発言ではない。「情報漏洩」問題だった。鈴木次官は、この時期に世間を騒がせていた「かんぽ生命保険」不正販売で、総務省の行政処分の内容を日本郵政副社長に漏洩していた。鈴木康雄日本郵政副社長（元総務次官）は鈴木次官の先輩格であり、先輩への配慮から行政機関の長であるにもかかわらず、内部情報を漏洩した。それが露見したのだった。郵政民営化後も続く、総務省と日本郵政との密接な関係は、前時代から続く「癒着」として世間から糾弾され、当然ながら、当時の高市総務相に更迭された。そして、彼の「地方局再編」発言は封印されたかに思われた。

それから2年が経った。総務省は次官更迭という事態に遭っても決してこの案件について退くことはなく、水面下の検討を続け、「デジタル時代における放送制度の在り方に関する検討会」を発足させた。それは、まさにサブマリン、潜水艦だった。そして、この検討会で注目すべきふたつのプレゼンテーションと法改正の要望が在京キー局によって行われた。ひとつはテレビ朝日ホールディングスによる、「ブロック統合」とそのための要望であり、もうひとつがフジ・メディア・ホールディングスによる、「認定放送持株会社」の現状と規制緩和の要望だった。前述のように再編について沈黙を貫いていたテレビ側が、初めて「再編」に資する提案を公開の席で行ったのである。

テレビとネットワークを救うために、「テレビ局再編」はタブーではなくなりつつあった。

テレ朝が提案した「ブロック統合」

先ず、テレビ朝日ホールディングスのプレゼンテーションである。

「平成新局」と呼ばれる後発局を数多く抱えるテレビ朝日ネットワークにとって、系列局経営への危機感は強い。プレゼンテーションの冒頭、同社の担当役員はこう述べた。

「ローカル局の重要性はいささかも揺るがない」。同感である。

そして、彼はこう続けた。

「人口減や経済規模の縮小に直面し、その維持に課題を抱えている」

「キー局の責任としてネットワークの維持政策を考えている」

そして、彼が提案したのが、「放送エリアを超えた系列局統合（ブロック統合）」だった。

「いま、経営難は顕在化していない、しかし、今後の広告市場の縮小懸念は拭うことが出来ない。経営難が顕在化した時、迅速に対応するための経営の選択肢を増やしておきたい」

そして、キー局として現行制度の変更による危機対応策を提案したのである。

ブロック統合とは何か。

従来の放送エリアの枠を超え、隣接エリア（飛び地も含め）までエリアを拡大し、一定規模の「ブロック」を形成。その「ブロック」にある「中心的な局」がエリア各局のマスター（送出）機能を集約して行い、結果として送出・送信の効率化を図るというものだ。

テレビ朝日ホールディングスの説明では具体的な放送局名は出されなかったが、私たちはそれを、東北地方をイメージしたものと受け止めた。平成新局だ。そして、宮城・仙台の放送局が「中心的な局」となって青森、岩手、秋田、山形、福島各県の放送局のマスター機能を束ね、各局の固定費削減を図るものと思料した。ブロック統合には、今後の経営統合も視野に入っているように感じられた。

しかし、ブロック統合で合理化できないのが、「エリアごとのローカルニュースやローカル情報」だ。担当役員も「既存の取材拠点の機能は堅持する」「地域情報の維持は大前提で、多様性は確保される」とした。エリア内のローカルニュース・情報を取材し、報道し続けることは地方局の「地域力」の維持に繋がるものだ。それは地方局の存在意義ともいえる。

「ブロック統合」が目指す経営の合理化と、地方局の存在価値との整合性が今後、どのように達成されるかは定かではない。それは「ブロック統合」という「テレビ局再編」にとって大きな宿題となるだろう。

なお、このテレビ朝日ホールディングスのプレゼンテーションと要望に応える形で、「ブロック統合」に向けた改正放送法が2023年5月26日に国会で成立した。この法改正によって、県単位で放送局毎に異なる番組を流すという原則が緩和され、異なるエリアであっても共通の番組表で同じ番組を終日、流すことが認められるようになった。果たしてこの経営の選択肢が実際に選択されるのはいつになるのか。まだ、それは判然としていない。

フジは「持株会社の活用」を要望

認定放送持株会社については第2章で述べた。昨今、東京キー局のホールディングス化に続いて、地方でも大きな放送局がローカル・ホールディングスを作っている。その最中に行われたフジ・メディア・ホールディングス（フジＭＨＤ）の提案と要望は、持株会社の今後の在りように少なくない影響を及ぼすものだった。

フジＭＨＤは、認定放送持株会社が保有できる「地方局の数」の上限を撤廃するよう要望したのである。それは「テレビ局再編」以前にフジＭＨＤにとって極めて切実なものだった。

フジＭＨＤのネットワーク戦略は、系列局株主が株式を手放す際、その株式が散逸することを避けるため、フジＭＨＤ自身が受け皿となってそれを引き取るというものだった。テレビに関する法制度の中で特に重要な制度が「マスメディア集中排除原則」だ。「マス排」はマスメディアの支配力が独占されることで「言論・表現の自由」が阻害され、自由闊達な意見が封じられることを防ぐための制度として始まった。その具体策の一つに、或るメディアが他の放送局に出資する際の出資制限がある。例えば、フジＭＨＤが地方局に出資する場合には、その地方局の株式資本の３分の１までしかフジＭＨＤは出資できない仕組みになっていた。これを超えて出資すれば、放送法違反となってしまう。

放送法は何年かに一度、改正が行われている。法律は改正の都度、有識者や関係業界から意見を聴くのが通例の作業である。このためフジＭＨＤはそれまでにも改正の機会がある毎に「マス排」緩和を求め、実際に「認定放送持株会社ならば、出資する局の資本比率『３分の１超から２分の１まで』の出資は可能」とする改正を得ていた。しかし、それもはや一時凌ぎにしかならなかった。

フジＭＨＤのネットワーク戦略が続く限り、系列地方局への出資は増えるばかりだった。そして、今回は出資比率ではなく、保有できる地方局の「数」が問題になっていた。現行法では、認定放送持株会社が保有できる地方局は都道府県数に換算して12が上限だったが、フジＭＨＤの保有局数はこの12を優に超えそうな状況に陥っていたのだ。

具体的に数えてみよう。

フジＭＨＤは先ず、関東広域のフジテレビを持株会社の傘下に置き、７カウントとなった。次に保有した局は仙台放送で、同社への出資比率72・３％。「子会社」で、都道府県カウントは宮城県で１だ。続いて、「３分の１超から２分の１まで」規定を使って長野放送（出資比率44％）、新潟総合テレビ（同33・７％）、テレビ新広島（同33・５％）が加わった。都道府県での局数カウントはこれで11にまで届いていた。

残された局数は1カウントのみ。フジMHDのプレゼンテーションでこの時に判明した持株会社保有地方局の「予備軍」は、岩手めんこいテレビ(同32・7%)、福島テレビ(同33・3%)、沖縄テレビ(同30・2%)などがあり、保有局数の制限緩和は待ったなしの状況だった。

こうしたフジMHDの動きに対して、他系列の持株会社は静観していた。実際、彼らは、東京キー局以外の地方局をその傘下には置いていなかった。先ずは東京における「メディア・コングロマリット」を充実させ、その上で次のステップをどう踏むか考えるという戦略を採っていたからだ。しかし、フジMHDの要望は有意だった。それによって保有できる地方局数の緩和、制限撤廃が行われれば、確実に経営の選択肢は増えるからだ。それはその後のネットワーク戦略にとって大きな意味を持つ。それゆえにテレビ業界はこのプレゼンテーションと要望に大きく注目していた。

特別な感慨を持って、フジMHDの要望を聞いていたのは、総務省当局だっただろう。彼らはかつて「地方局救済」を目論んでこの「認定放送持株会社制度」導入を画策した。今回のフジMHDの要望は、急迫する地方局の経営困難に直面して行われたものではなかったが、その方向性から大きく外れるものではない。その意味では、制度設計から十余年の時を経て、総務省の思惑通りに事態が動き出したと言えるかもしれない。そして、この保有局数問題は、2023年3月10日の省令改正によって保有局数の「上限撤廃」が決定され、落着した。「再編」のための有力な選択肢がまたひとつ準備された。

ところで、プレゼンテーションされ、法改正に至った二つの案は、いずれも同一系列内を対象とするものだ。同一系列内での再編やそれに準じる作業は、他系列との作業に比べれば、格段に容易と思われる。同一系列内であれば、番組編成も近似しているし、日常的な交流もある。提案されたような「再編」実現に向けたハードルは比較的低いだろう。

一方、「再編」案として理論上はあり得るが、ハードルが格段に上がるのが、他系列局との合併や統合である。それらはそのハードルの高さ故にプレゼンテーションでは語られることはなかったが、厳然として、存在する。具体的には「1局2波（複数波）」だ。この案については後ほど詳しく取り上げる。ライバル局が一緒になることはなかなか考えにくいが、同じエリアに存立している地方局同士だけに、その地域社会固有の問題への意識も高い。先述の「地域力」も発揮しやすい。

そこに意外な「マリアージュ」があるかもしれない。それを留意しておきたい。

危機的状況を救うのは……

前章と本章ではテレビネットワークの現況と再編の可能性について眺めてみた。

それでは今後、誰がネットワークの危機的な状況を救うのだろうか。ネットワーク戦略を預かる東京キー局なのだろうか。地方局やそのネットワークなのか。総務省当局なのか。少し飛躍するが、視聴者、国民なのだろうか。果たして誰なのか。

在京キー局は従来、様々なネットワーク戦略を企画立案してきたが、地方局の危機的な状況については「自助努力」を先ずは掲げ、一歩踏み込んだ対応を見せようとはしなかった。その理由として、キー局ホールディングスは株式上場しており、救済のために地方局にフル・コミットすることは、株主への説明責任など様々なハードルがあると言われてきたからだ。

しかし、そうした議論から少し離れ、マクロな視点、地上テレビのメディア・パワー維持という視点から考えれば、別の結論が導かれる。すなわち、テレビのメディア・パワーにとってネットワークは必要不可欠であり、それを構成する地方局もまた不可欠であるということだ。地方局の経営危機を看過してネットワークが破綻すれば、その代償は極めて大きい。それは、テレビのメディア・パワーを衰退させ、結果として、株主利益も棄損する。だからこそ、キー局はネットワークの経営困難局にコミットしなければならない。但し、単純な金銭補塡などのカンフル剤は事態の抜本的解決にはならない。

ネットワークの危機を救うには、放送の未来を見据えた中長期的な施策の立案と執行が重要だ。そのためには現行制度の変更も必要になるかもしれない。その面では総務省当局の理解と助力も必要になるだろう。放送行政だけでなく地方自治も所管している総務省にとっては、地域社会の要である地方局の維持・存続は自らの重要課題でもある。

しかし、経営困難な地方局を救うのは、誰よりも地方局自身であることを強調したい。地方局は先ず、テレビ局としての従来の経営努力をさらに全力で尽くすべきだろう。そして、出来る限りの「地域力」を発揮すべきだと思う。そうすれば、同局を支持する声は内外から強く湧き上がってくるのではないか。しかし、それでも外部事情が頑として好転せず、経済や時代の波に抗うことが出来なくなった時には、次の一手として「再編」も視野に入れた策が発動されるのだろう。その策はテレビ事業からの撤退や退出を意味しない。むしろ、生まれ変わり、勝ち残るための策となる。地方局としての「地域力」を堅持し、テレビネットワークのメディア・パワーを維持するための「再編」だ。

その時、地方局には、胸を張って未来ビジョンを掲げ、新体制を構築してほしい。誰がネットワークを救うのか。

その答えは、キー局であり、地方局やネットワークであり、総務省である。

しかし、本当に救ってくれるのは、それを必要とする視聴者、国民なのだと思う。

テレビがもたらす、地域に密着した情報や娯楽。地域を活性化し、地域の底力を掘り起こす地方局。その総和としてのネットワーク。それは誰のために存在するのかといえば、視聴者、国民のためにある。それを重ねて肝に銘じれば、その支持や応援も得られるのではないだろうか。

第7章　「テレビ局再編」を考えるヒント

ブロック統合と垂直統合の留意点

前章で紹介した、テレビ朝日ホールディングスとフジ・メディア・ホールディングスの提案は、いずれも２０２３年に入って、放送法改正、省令改正によって可能になった。

「ブロック統合」を考える時、もう20年も昔の話だが、「セントラルキャスティング」という放送方式を検討したことを思い出す。中軸局（ハブ局）が周辺局（スポーク局）の放送送出を一手に引き受け、それによって放送コストの効率化を図るというもので、アメリカの一部で実施されたことがある。課題は、スポーク局のローカル・サービスをどう継続するかということだった。その対応策としてスポーク局に報道と営業の部門を残す方法が採られたが、コストに見合う効果があったのか聞くことなく、話題から消えた。実は、日本でも中国・四国地方で小規模なセントラルキャスティングが行われたが、その後の消息についてあまり触れたものはない。

机上の計算ではあったが、私たちも「セントラルキャスティング」を研究したことがある。ボトルネックとなったのが、放送局間の専用回線費だった。テレビネットワークを形成するため、通信キャリアによるマイクロ回線が全国に敷かれているが、この「セントラルキャスティング」のためには、従来の回線とは別の回線が必要になる。検討の結果、別の回線費がセントラルキャスティングで期待される圧縮経費を上回るためメリットが見いだせないという結論に至り、研究は終了した。

今次、ブロック統合の方向が法律で認められたことを受け、右記の回線対応はどうするのか。それらの回線系統は「放送」という観点から安心・安全を担保できるのか。障害発生時のバックアップ体制はどう構築するのか。それらの点検が求められるだろう。また、新たな広域圏における放送局の人員や設備の再配置をどう行うのか。「地域力」に関わることだが、県域で行われていた情報や広告のサービスを新・広域圏の放送にどう収容していくのか。考えるべき点は多々あるように思う。

省令改正で認められた、認定放送持株会社の「保有局制限撤廃」は、キー局が主導するネットワーク戦略にとって有意性がある。キー局と系列局の一気通貫、「垂直統合」が強化されるからだ。この「垂直統合」で、地方局はキー局の強い支配に組み込まれることになる。地方局の専管事項だった経営判断・戦略、人事についてもキー局の強いコミットメントを受ける可能性が高い。それは、メリットもあれば、デメリットもある。

メディア環境が変化する中、地方局がテレビネットワークの一員として活躍するためには「垂直統合」は有意だ。最新のメディア情報や戦略をいち早く地元にもたらすことが可能になる。また、キー局との人事交流は地方局の制作力強化などに必ず役立つだろう。

その一方で、デメリットとなるのが、東京サイドの「ローカル・ルール」「ローカル・マナー」への不案内である。いつの時代にあっても「ローカル・ルール」や「ローカル・マナー」は存在する。地元の諸事情への配慮は欠かせない。「垂直統合」による一律支配でそうした配慮が欠落すれば、スムーズな地方局運営、ネットワーク維持に亀裂が生じるだろう。一方的な戦略示達で内外に無用な摩擦を起こすことは厳に慎まなければならない。それを防ぐのは「垂直統合」の中の連絡調整力であり、会話であると思う。その努力を通じてネットワークも成長する。

1局2波あるいは3局体制

今次、法的に認められた「ブロック統合」「持株会社見直し」はこれからのテレビ局再編において有効な手段になるだろう。それを確認した上で、まだ法的には手つかずの「第3案」について記してみたい。それは、「1局2波」あるいは「1エリア3局体制」というものだ。

地方にあっては今後、人口減少、少子高齢化、過疎、広告市場縮小などが進むことは繰り返し書いた。公共放送NHKの受信料に対し、民放は一義的には広告収入だけが頼りであり、右記の問題はそれに直結する。それはまた、放送行政がこれまで進めてきた「県域民放4波政策」が維持できなくなることも意味している。

国は何故、「県域民放4波政策」を推し進めてきたのか。1953年のテレビ放送開始以来、テレビは全国隅々まで普及した。そして、国が考えたのが、「日本中、どこに住もうとも国民は相等しく、テレビのサービスを享受できる」ことだった。そして、総務省の「基幹放送普及計画」は全国各地にNHKと県域民放4局が設置できるように立案されていった。その計画を支えたものの一つは、右肩上がりのテレビ広告費だった。

しかし今日、その理想は叶わなくなりつつある。さらに今後、状況が大きく改善される見通しもない。

「右肩下がり」に減っていくテレビ広告収入を巡って放送局間の過当競争が展開されるだろう。その一方で(放送局自身が望むものではないが)、制作予算の削減による放送サービスの劣化も始まる。こうした苦境に対応する方策のひとつとしてエリア内の放送局数を減らすことが考えられる。放送局の数が減れば、過当競争は沈静化するだろう。

放送局数を減らし、それでも「4波政策」級のサービスを維持する方法はないだろうか。そこで浮かぶのが、第3の案、「1局2波」案である。言い方を変えれば、3局で4波を運用する体制案である。

放送局数を減らしながらも、放送サービスを維持出来るのか。それは、二つから一つに統合された放送局が、これまでと同じ二つの放送波を運営することで可能になると思う。二つのネットワークによる番組と広告は、それぞれ今まで通り放送する。その多くは、東京発のゴールデン・プライム帯の放送である。これによってネットワークは維持され、この地方局の電波料収入も2波分、確保される。

その一方で、「1局2波」の統合メリットを生かすために、ローカルタイムでの番組はこれまで二つの地方局が別々に作っていた番組を一本化し、二つの波で同時（サイマル）放送する。視聴者にとっては今まで楽しみにしていた番組が減るデメリットはある。この案の最大の問題は、本書でも度々言及した「マスメディア集中排除原則」が阻害される点だ。2局分あった「言論や表現の場」が1局分に減じるのだから、これには反対意見も多いだろう。

しかし、インターネットなど様々な情報空間が広がる現代において、同時にそうした空間の広がりそれ自体が、テレビ経営を圧迫していく中で、「言論や表現の場」の確保をテレビにだけ求め、過当競争を促し、経営困難な事態に陥らせるのは如何《いかが》なものだろうか。「恒産なければ、恒心なし」である。経済的な余裕を持たせた方が、テレビ局の取材や制作の現場に活力や余力が生まれるのではないかと思う。

「1局2波」案は、現行の「県域4局4波体制」を、「3局4波体制」に変えるものである。それはまた、「ブロック統合」「持株会社見直し」が垂直統合であったことに対して、同一エリアで行われる、異なる系列局による「水平統合」ということができよう。

「1局2波」は経営効率化の一助にはなる。しかし、放送2波を運営するための技術的コストが画期的に減じるわけではない。局内設備統合や監視員の集約は可能だが、地域エリアに送信する中継局などの送信設備は放送2波分の経費が依然、掛かる。この設備コストをさらに圧縮させる方法はないか。そこで浮上するのが、現行の「クロスネット局」という考えである。「2波」をやめ、「1波」に集約してしまう。分かり易い「再編」でもある。

クロスネット局は、エリアの経済力に鑑み、無理のないテレビ局運営が行われるようにと放送行政が認めてきたもので、全国にいくつか現存する。「基幹放送普及計画」では、県域4波ではなく、県域2波（あるいは3波）政策が例外的に認められている。

クロスネット局は、全国放送を要望する東京キー局の申し入れを受け、結果として複数のネットワークと協力関係を結ぶ形で運営されている。キー局はクロスネット局に全国同時一斉の番組と広告を送り出す。しかし、その番組と広告はクロスネット局側の編成判断で別の放送日時に放送される（もちろん同時放送の場合もある）。

放送波はただ一つである。ある時間に放送できる番組は当然、ただ一つとなる。

その一つから外れて、同時放送できない番組は、一旦収録されて後日に放送される

（土日午後や平日深夜に放送されるケースが多い）。地元視聴者からすれば、全国の視聴者と同じようにリアルタイムで視聴したい欲求はあるが、なにせ放送波は限られているため我慢せざるを得ない。それがクロスネット局の実態である。余談ながら、クロスネット局の編成番組表や社内の番組宣伝ポスターを見ると、そこには複数の東京キー局が作った数多くのリッチコンテンツが溢れている。エリア内の局数も少なく、安定した経営が行われている。

こうしたクロスネット局に対して、東京キー局やそのネットワークの立場から見れば、「完全系列」「一気通貫」の地方局ではない点に物足りなさはある。他系列との「呉越同舟」の地方局であり、ネットワーク戦略も制限される。こうした状況を嫌うキー局とネットワークは平成時代に行政などに働きかけ、クロスネットを解消させるためいくつかの「新局」を作った。これが「平成新局」である。その平成新局が今日、経営的な厳しさに晒され、「ブロック統合」などの対象として取り沙汰される状況は、ある意味必然なのかもしれない。

クロスネット局は、「1局2波」案を考える時に必ず思い出される現行の放送局である。「温故知新」でクロスネット局を再研究することも今後、有意かもしれない。但し、ネットワーク戦略的には極めて複雑で特異な局であり、嬉しい選択肢とは言い切れないが。

ハード部門会社の可能性

ここまで記した、統廃合的な「再編」論とはやや次元が異なるが、「経営困難な放送局を立て直す」方策のひとつとして、ハード・ソフト分離による「ハード部門新会社」の設立が放送業界で囁かれている。そのための放送法・電波法改正も2023年5月に実現済みだ。

おさらいになるが、ハード・ソフトの分離免許とは、所謂「放送局」的な事業者（編成・営業や報道・制作を行う者）に交付される「ソフト免許」と、電波を預かり、送信設備と中継局を設備・運営する事業者に交付される「ハード免許」のふたつを言う。

この場合、ソフト免許は放送法に則り、ハード免許は電波法に拠っている。また、放送電波それ自体は、ハード事業者に付与されることになる。

いま業界内で注目されているのは、この後者の免許を持つ新会社設立である。「放送局は装置産業である」と書いたが、この新会社によって放送局の設備投資は大幅に軽減され、ハード事業者に支払う設備使用料の多寡によって経営改善が見込まれる。但し、これまで守り抜いてきた「ハード・ソフト一致」による放送のメディア・パワーは大きく揺らぐ可能性がある。放送局が、自ら作った番組を、自ら預かる電波に載せて視聴者に直接届ける、という「一気通貫」の仕組みがここで変容を迫られるかもしれない。その変容は、２００６年の「竹中懇」以来、放送業界で長く取り沙汰されてきた「ハード・ソフト」議論に大きな節目を与えるかもしれない。一般には馴染みの薄い「ハード部門新会社」案件は、業界の中で相応のインパクトで捉えられている。

その「ハード部門新会社」も、設立までにはいくつもの論点整理が求められそうだ。以下、それを列挙すると次のようなものが考えられる。

・新会社は誰がどのような考えで設立するのか。いくらの投資が見込まれるのか。
・投資資金はどこからどうやって集めるのか。
・設備使用料は、放送局の負担軽減に資するものなのか（コストセンター論）。それとも営利が追求されるのか（プロフィットセンター論）。

そして、次の一点は大きな論点である。

・新会社には、放送の使命でもある「あまねく広く」「安全、安心に」が求められる。

そのための電波付与である。新会社はその社会性や公共性をどう認識しているのか。

そんなことを考えている最中に、新会社の方向性が漏れ伝わってきた。

それによれば、新会社は「ハード・ソフト分離」を大上段には構えず、先ずはハード部門の「末端」をカバーする会社となる模様だ。「末端」とは、中規模・小規模中継局、ミニサテライト局、更に小さなギャップ・フィラーといった設備だ。この「末端」がカバーするのは視聴人口が少なく、いわゆる、「コスパが悪い」エリアだ。それでも放送とは「あまねく広く」が使命である。費用対効果だけに囚われず、放送を送り続けなければならない。それを支援してくれる新会社であるならば、有り難い存在だ。

新会社は「末端」設備の電波免許は持つが、親局などの電波は、引き続き放送局自身が預かり、従来の「ハード・ソフト一致免許」が維持されていく方向だ。

新会社はまた、NHKと民放の共同出資、共同運営が企図され、営利追求とは一線を画すものとなりそうだ。それは放送設備の「ジャパン・コンソーシアム」かもしれない。「小さく生んで、大きく育てる」目論見のハード部門新会社。その先行きは不透明ではあるが、今後のテレビ局経営にとっては一助となる期待が浮上している。

さて、この章では、昨今の法改正等を踏まえて「テレビ局再編」につながるいくつかの具体的な動きや方法について記した。それらは「再編」を考えるヒントでもある。「ブロック統合」「持株会社保有局数の自由化」「ハード部門新会社」といった案件は法改正によりすでに導入は可能だ。その一方で「1局2波」や「クロスネット局」については業界の動向や「マスメディア集中排除原則」の今後が注視される。

本章と前章ではやや切迫した観点から放送業界の現況を眺めてみたが、次章では少し視点を変え、「テレビの価値再発見」という点について記してみたい。「どっこいテレビは終わらない」と言わんばかりの様々な試みがテレビとその周辺で現実に行われている。私たちはそれを「テレビの価値再発見」と呼んでいる。「広告媒体」としてのテレビの価値再発見とその施策。報道や制作の「現場」で進んでいるネットとの協調とテレビの価値再発見。ネットに正面から向き合うテレビ局の組織改編等。それらに鑑みると、テレビはまだまだアグレッシブである。そこにはアメリカのテレビ業界で見た積極性に勝るとも劣らないマインドが溢れている。その強いマインドこそがテレビを次代に向けて推し進めていく。

第8章　テレビの価値再発見　2023

ＷＢＣの視聴者数９４４６万人

２０２３年春、日本中のスポーツ・ファンがテレビに熱狂した。ＷＢＣ（ワールド・ベースボール・クラシック）だ。侍ジャパンは二刀流のエース、大谷翔平とベテラン大リーガー、ダルビッシュ有が若手をリードする形で快進撃。アメリカで行われた決勝戦「日本対アメリカ」は日本時間3月22日午前の放送となったが、その世帯視聴率は42・4％（関東地区）にも達し、いつもは野球中継など見ない人たちも巻き込む一大フィーバーとなった（関西地区では35・0％）。その瞬間最高視聴率は、大谷投手がエンゼルスの僚友マイク・トラウト選手を三振に打ち取り、世界一を決めた時で、46％もの数字がマークされた。インターネットの時代と言っても、ネットではさすがにこれだけの同時一斉視聴は不可能だ。テレビの持つ特性とメディア・パワーが改めて認識された瞬間でもあった。

視聴率を発表したのは、調査会社「ビデオリサーチ」。1962年に設立された同社は、テレビと共に歩み、視聴率調査によってテレビという広告媒体を支え続けてきた老舗だ。

ビデオリサーチはまた、WBCの視聴データとしてこの時、「全国の視聴者数」も発表した。侍ジャパンの全7試合をリアルタイムの中継で視聴した人は、全国で9446・2万人（推計・重複なし）。日本の人口1億2570万人（2021年）の大半がWBCでテレビにかじり付いていたことになる。大谷選手をはじめスター選手が勢ぞろいしていたこと、胸に日の丸を着けた、いわゆる日の丸スポーツであったこと、侍ジャパンが負け知らずの快進撃を続けていたこと等、コンテンツの観点でも申し分のないものであったが、その上で、やはりテレビの底力は物凄いことを再認識させられた。

ビデオリサーチが証明したテレビの力

テレビと言えば、「視聴率」。「率」であることが一般化されてきたが、インターネットはログやPV（ページビュー）に「数」を使うことで広告効果を強調した。「この広告は何人が視ています」「何人がアクセスしてきました」。その直截的なイメージはネット広告の武器になった。

そのことにテレビは内心歯がゆさを感じていた。数で競うならば、テレビは圧倒的な数をカバーしている。しかし、テレビの視聴調査は全ての視聴世帯に対して行うものではなく、統計学的に抽出されたサンプルを調査・分析することによって広告効果が示された。それは「数」ではなく、「率」が単位として使われた。閉ざされたテレビだけの競争であった時はそれで十分だったが、ライバルがネットにまで広がった今、なんらかの対応策が必要となった。「数」の勝負であるならば、それはそれでテレビは優位だ。テレビは全国津々浦々にまで届いている。その視聴者数はネット・ユーザーの数を圧倒的に上回っている。しかし、それを表現する方法は準備されておらず、表現する機会もなかなか巡ってこなかった。

懸案となっていたその「全国視聴者数」が初めて公表されたのが、２０１９年秋だった。公表したのは、もちろんビデオリサーチだ。それは、日本で開催された「ラグビーワールドカップ」の打ち上げパーティの席で披露された。この「全国視聴者数」データの発表に前後して同社は全国の視聴サンプル数を格段に増やし、それと合わせて機械式データの全国的な強化を行っていた。精度の高い視聴データが集計される素地が出来上がっていた。そして、集計データを基にビデオリサーチが開発した統計学的に有意な計算方式によって、「視聴率」は「視聴者数」に換算された。長年の夢が叶った瞬間でもあった。

テレビを全国で同時一斉に視聴している人数、「全国視聴者数」が割り出された。その結果、ラグビーワールドカップ日本大会で「桜のジャージ」の日本戦5試合をリアルタイムで視聴していた人の数は「8700万人超」であると推計された(なお、日本戦の最高視聴率は、日本の最終戦となった「日本対南アフリカ」で、41・6%もの高視聴率が記録された)。

WBCもラグビーワールドカップも一時期の特別な番組ではあったが、「テレビ離れ」と言われて久しい昨今の業界の暗いムードを吹き飛ばすには最高の出来事だった。ひとことで言ってしまえば、面白い番組が放送されれば、人はテレビに集まるのだ。そして、テレビは「数」においても他メディアを凌駕する最強のメディアであることを証明した。それは、ビデオリサーチ社の快挙でもあったと思う。

一般化した個人視聴率

テレビ視聴率は昨今、「世帯視聴率」から「個人視聴率」重視に移行している。視聴率は本来、話題として世間に知ってもらう以前に広告媒体としての価値をスポンサーに説明するための手段だ。視聴率が「テレビ通貨」とさえいわれる所以《ゆえん》である。その意味では、「世帯」より「個人」の方がデータ・マーケティングに適しているという判断から、主たる使用データのシフトが行われた。それはまた、テレビの媒体価値再発見のための行動だったともいえる。

「世帯視聴率」は、ひとつ屋根の下に住む家族の誰かがテレビをつけて視聴すれば、それだけで視聴がカウントされるものだ。これに対して「個人視聴率」は、テレビの前に座った人が実際にテレビを視ることで記録される。視聴しているのは一体どんな人なのか。男性なのか女性なのか。年齢はいくつなのか。社会人か学生なのか。「個人視聴率」はテレビ視聴者の属性をも集約して広告主に提供されている。そのデータによって広告主は自らの商品ターゲットに合致する番組や放送局を選んで出稿していく。とりわけ、スポットCMの出稿にこうしたデータは有効に利用されている。

このテレビ広告に対して、ネットで展開されている広告は、「ターゲット広告」だ。スマホやパソコンを使うユーザーから実データを吸い上げ、アルゴリズムによって嗜好を分析し、個々のユーザーにとって有効と思われる広告をそのデバイスに送りつける。テレビ広告が受動的、プル型と言われることに対して、ネット広告は能動的、プッシュ型だ。

いずれのメディアも視聴者やユーザーの属性、特性を読み取り、効果的な広告を送り出したいという考えでは一致している。その上でそれぞれのメディア特性に則った特徴が現れている。テレビ広告には、視聴者と商品の出会いや気づきがあり、クルマの運転でいうところの「遊び」もあると思う。その点ではネット広告はせっかちで閉鎖的だ。効率最優先、データ優先で、そのアルゴリズムは「これでもか、これでもか」と、システムの「推し」広告をデバイスの中に半ば強制的に登場させる。個人的には全く辟易する。

それはユーザーのニーズとマッチすれば有用なもので、購買行動にもすぐ結びつくだろう。ネット広告の効率性は確かに魅力的なのかもしれない。しかし、「フィルターバブル」や「エコーチェンバー」はSNSの投稿やお喋りの世界だけではないと思っている。だから、世の中にネット広告しか存在しないようになれば、それはまた、とても息苦しい世界なのではないかと思わずにはいられない。

話を個人視聴率に戻そう。

広告の世界のデータ・マーケティングの深化に乗り遅れないために、テレビは「世帯視聴率」から「個人視聴率」の一般化に大きく舵を切った。これに応じるためビデオリサーチ社は、先述したように全国の調査世帯数を２０１６年から18年にかけて増加させた。その努力の果実のひとつが「全国視聴者数」となったこともすでに述べたとおりである。

一般的に個人視聴率と呼ばれるものは、男女全世代による「個人全体視聴率（ＡＬＬ（オール））」と呼ばれるものだ。この「オール」がテレビ局に毎日、データで届けられている（世帯視聴率も一緒に提供されている）。そして、広告セールスには、この個人視聴率が使用されている。

テレビの価値を再発見してもらうためのデータはこれに留まらない。個人視聴率に加えて、放送終了から７日間の「録画再生」データ（ＣＭ視聴率）を合算したデータもビデオリサーチから送られている。この視聴率データは「Ｐ＋Ｃ７（ピープラスシーセブン）」と呼ばれている。リアルタイム（実時間）視聴だけでなく、録画によるタイムシフト（見逃し視聴）でもテレビ（広告）がいかに多く視聴されているかを広告主にアピールするためのものである（P＋C7のPは番組ProgramのP。Cは広告CommercialのC。放送後7日間ということで7が記されている）。

こうした様々な数値データの提示は、かつて「メディアの王」として君臨していたテレビには見られなかった積極的な姿勢だ。使えるものは何でも使う。戦うための武器は多い方がいい。テレビの価値を広く再認識してもらおう。そこには「新王」であるネットに対する強烈な対抗心があると思う。

報道分野での価値再発見

「視聴者数」や「個人視聴率」に関する各種データの提供。そういったマーケティングの世界にのみ、テレビの価値再発見が留まるものではない。その自己変革と価値再発見の試みは番組制作や組織変更でも進められている。

先ずは、番組制作についてだ。テレビ番組の制作は大別すると、「報道」と「制作」に分かれる。それぞれに果たしてどのような変革や再発見があるのだろうか。

「報道」分野における自己変革では、インターネットへの様々なアプローチが思い浮かぶ。「報道」はいま、ネットやSNSを「ライバル」ではなく、「ニュース・ソース」のひとつとして捉えている。第3章「SNSの戦争」にも記したとおり、真贋を見極めたうえでSNS情報をニュースに取り入れている。「ネットの海」の中から伝えるべき価値のある情報をサルベージするシステムもテレビ各局で導入している。そのサルベージされた情報へのファクト・チェックも怠りない。

ネットの携帯アプリも大いに活用している。取材の司令塔であるデスクは記者やカメラマンの位置情報を把握し、効率よく彼らを配置する。報道局アプリには他にも効率的な情報共有や（鍵のかかる）機密情報格納の仕組みが備わっている。

「報道」はまた、情報発信のツールとしてネットを活用している。放送と異なる、有意な「伝送路」としてニュースを配信し、放送枠に入りきらない「重要会見」やリポートをリアルタイムでネット配信する。そうしたデジタル対応はここ10年から20年の間で大きく進化してきた。

それでは「報道」におけるテレビ価値の再発見はどうなのだろう。その答えは明快だ。それは「再発見」というよりも「再確認」である。

個人が発信できるネットの時代にあっても、テレビ報道は組織的で継続的なプロのジャーナリスト集団が担うことに変わりはない。そして、その組織は、ネットワークによって全国に及ぶ。ユーチューブやツイッターが動画共有の「広場」であっても、それはジャーナリズムの「場」ではない。いまやネット上の老舗コンテンツ・アグリゲーターとなった「ヤフー！」でさえ、その仕事の殆どはマスメディアからニュースを買い集め、サイトに載せることだ。昨今、独自取材も増えたと聞くが、サイト記事の殆どは伝統的な報道機関が足で稼いだネタだ。

プロのジャーナリストたちが感じた現場の喜怒哀楽や葛藤、彼ら自身の「内なる道徳律」への問いかけをヤフーから感じることは殆どない（ヤフコメの扱いなどに試行錯誤の工夫は感じているが）。ヤフーにはネット特有のコスパやタイパがあり、ＰＶ競争もあるのだろう。しかし、それらは、「報道」の本旨とは異なる。テレビは、これからもニュース報道の主軸を担っていくだろう。テレビにはその自信と自負がある。その覚悟を「再確認」することが、「報道」におけるテレビ価値の再発見といえる。

制作分野での自己変革

では、「制作」における、自己変革や価値再発見はどうだろうか（ここで言う「制作」

の番組はドラマ、バラエティ、ワイドショー、ドキュメンタリー、スポーツなど多岐にわたる)。

「制作」においても今やネットやＳＮＳは敵対するものではなく、むしろ取り入れ、活用するものとなっている。例えば、ドラマなどでは放送とネットが連動し、それまでにないコンテンツの広がりが生まれている。日本テレビで放送された『あなたの番です』(２０１９年)は、テレビ放送と並行するようにネット配信「Ｈｕｌｕ」でも様々なサイドストーリーが展開され、話題を呼んだ。いわゆる「スピンオフ」だ。そうした試みは「制作」に新たな思考をもたらすと同時に視聴ターゲット拡大にも貢献している。また、ＴＢＳの日曜劇場はネットフリックスと連携して自社ドラマの海外展開・配信を積極的に推し進めている。テレビとネットが共闘しているのだ。

制作機材のデジタル化、ネット化も進化している。小型軽量のカメラ、場合によってはスマホで撮影した映像は、編集所まで持ち込まずともスタッフのパソコン上で編集される。これにより海外ロケはかなり手軽になり、短期間のロケ、軽量機材の撮影、帰りの機内での編集などの「早業」も次々と実現している。

番組広報でもＳＮＳは欠かせない。電波ＰＲと称した、自局の放送の中での宣伝広報に加えて、ＳＮＳ上に番組情報を載せ、バズらせるのも有効な宣伝手法として進められている。「制作」の簡便化、スピード化、会議打ち合わせの時間短縮などが「制作」での自己変革として進んでいる。

コスパ、タイパの良い番組制作と並行して、手間暇も時間もかけた「ストック・コンテンツ」と呼ばれる番組もまた制作されている。ストック・コンテンツは時を経ても色褪せないコンテンツの「財産」でもある。その制作の重責を担うのも、テレビである。

それが、「日本のハリウッド」を自任してきたテレビの心意気である。

ストック・コンテンツの雄、「ドラマ」の制作現場を眺めれば、そこに数多くの熟達の士たちがいることを実感させられる。

時代の半歩先を行く番組企画。緻密な脚本。ディレクターたちが練り上げた演出プラン。演者たちの熱演。それを支える技術・美術のスタッフたち。「テレビは人が作り、人が視るもの」という譬《たと》えが浮かぶ。良質のエンタテインメントは熟達の士たちの汗から生まれてくる。

スピーディに制作されるコンテンツもあれば、じっくりと醸成されるコンテンツもある。テレビはそうした多種多様なコンテンツを1日24時間、1年365日という時空間の中に送り出している。そこに投じられている制作スタッフたちの熱量もまた膨大だ。

こうしたコンテンツの数々は、地上テレビだけではなく衛星放送やネット配信などの他メディアにも供給され、それらを満たしている。コンテンツ制作費の多くが地上テレビの初放送で賄われていることもコンテンツ流通全体にとっては有意だ。ゼロから番組制作を立ち上げるリスクもヘッジされている。

「はじめにテレビありき」

パクス・テレビーナ以来、地上テレビをキーにしたコンテンツ流通は今も脈々と続いている。テレビ制作の価値を再発見しようとする時、そのことに思い至る。

在京キー局のコンテンツ戦略

「総視聴者数」「個人視聴率」「P＋C７」。「報道」や「制作」の変革と価値の再発見。テレビはネットをライバルとして意識する一方、それを取り込み、呑み込み、新しい力にしようとしているかにも見える。それはテレビ局の組織全体を眺めてみても分かる。競合と融合。在京キー局はここ数年、その組織を改編し、次の時代に向けた布石を打っている。そのキーワードは「コンテンツ」だ。テレビ局はそれを自らの武器とし、テレビ現業とネット事業において「両利きの経営」を進めようとしている。

先ずは日本テレビだ。視聴率、売り上げで独走する日テレは「Ｈｕｌｕ（日本版）」買収をはじめとした「マルチプラットフォーム戦略」を掲げ、「コンテンツ戦略本部」の下に地上放送、衛星放送、ネット配信、海外ビジネス、ＩＰ事業等を並立させて「テレビ＋デジタル（ネット）」を実現しようとしている。

その日テレを猛追するのが、ＷＢＣやワールドカップで驚異的な視聴率を上げ、ネットテレビ「ＡＢＥＭＡ」でも意気軒昂なテレビ朝日である。テレ朝もテレビとネットの事業連携に力を入れ、「ビジネスソリューション本部」を設置。その傘下にコンテンツ編成局、セールスプロモーション局、ビジネスプロデュース局、ＩｏＴｖ局などを配置して次代のトップを狙っている。

そして、ＴＢＳである。ＴＢＳは「ＴＶｅｒ」創設に最も熱心だった局であり、日曜劇場を主軸にドラマ・コンテンツの海外展開を積極的に進めている。彼らは、総合編成本部の下に「放送」と「ＤＸ」のふたつの領域を代表する『編成局』と「ＤＸビジネス局」を設置。相互連携して、そのコンテンツ戦略を進めている。認定放送持株会社では業界最大の売り上げを達成しているフジテレビは「栄光の１９８０年代」を取り戻すかのように「大編成局主義」を掲げ、「編成センター」「デジタルマーケティングセンター」「コンテンツ事業センター」の３大センターを置くことによって復活に向けた陣を敷いている。

在京局のしんがりは、テレビ東京だ。その得手はアニメだ。『ポケットモンスター』はじめテレビ東京で放送されたアニメは子供たちの絶大な支持を得て、この事業分野では一頭地を抜いている。昨今はバラエティ番組なども好調だ。テレ東はいま、「全コンテンツ・全配信」を宣言し、２０２１年に「配信ビジネス局」「総合マーケティング局」を新設。独特な「テレビ＋デジタル」を推し進めている。

在京各社のコンテンツを中核とした組織状況は以上のようなものだが、コンテンツ戦略と軌を一にして営業組織もマルチ化が進められている。「総合メディア推進本部」「総合マーケティング・ラボ」など名称は様々だが、各局には「テレビ＋デジタル」広告の潜在的なニーズを掘り起こし、次代のセールス活動につなげようとする組織が次々と立ち上がっている。ネットを自らのセールスに取り込むこと。ネット広告を「独り勝ち」させないこと。ひとことで言えば、「ユーチューブ」の独走をストップさせること。

そうした強い意欲が在京各社の営業戦略に滲んでいる。そして、ここにもテレビとネットの競合と融合がある。

「テレビを超えろ」

「オープンイノベーション」による外部協業も昨今の在京テレビの積極姿勢の表れである。アメリカの成功例を追った「タイムマシン経営」のように、有望なスタートアップ企業への接近が度々、見られる。テレビ局単独の「唯我独尊」は今や流行らず、優れた才能を内外に見つけ出し、それを育て、「大化け」に期待する。当たり外れはあるが、大きな夢がそこにある。それは、後述の「メガ・メディア・コングロマリット」の成長エンジンになるかもしれないのだから。

ここ数年、こんなキャッチコピーをキー局が掲げている。

「テレビを超えろ　ボーダーを超えろ」

「東京を超えろ　テレビを超えろ」

テレビは次代に向けて新たな成長を志向している。超えるべきボーダー「境界」とは、テレビとデジタルの「境界」であり、日本と海外の「境界」である。そして、テレビ自身の固定観念という「境界」なのだろう。その境界を超えた時、テレビは自ずとメディアの「王座」に返り咲いているのだろう。しかし、その道のりはまだ長く、険しい。克服すべき課題も多い。

その険しさは中央よりも先ず、地方において現れるものと想定される。様々な波乱があるだろう。しかし、中央も「対岸の火事」としてはいられない。地方での出来事やそれがもたらすものは、必ずや中央にも波及し、日本全国を巻き込んだメディア環境の変化を引き起こすように思えてならない。そんな思いの中、僭越《せんえつ》ではあるが、10年、20年先のテレビに関するひとつの「仮説」を次章では繰り広げさせていただいた。

第9章　２０３Ｑのテレビ局再編

２０３Ｑ

ひとつの仮説、それは「テレビ局再編」である。

テレビ現業への注力とネットへのアプローチを続けながらも、テレビ業界は２０３０年代に「地方テレビ局」を舞台にした「再編」が起こるのではないか。大きな変化があるのではないか。そんな予感がする。以下は、そのシミュレーションである。

「再編」はいつ起こるのか。判然としない事案発生の時期を、村上春樹氏の小説『１Ｑ８４』になぞらえ、ここでは「２０３Ｑ」とさせていただいた。

動き出した「1局2波」

その日、２０３Ｑ年3月某日。或る県にある、ＡとＢの二つのテレビ局が合併した。二つの局は、合併して一つの局Ｃになった上で元来の二つの放送波を運営するという。

「1局2波」への移行だ。

合併調印式にはAB2局の社長が臨み、系列キー局役員も陪席した。キー局は当初、系列関係が変容するきっかけとなりかねない、この合併に反対姿勢を示していたが、エリア内の経済状況に鑑みて結局はこれを承諾せざるを得なかった。

その県の視聴者にとって不利益に感じられたのは、新局Cが示した番組表の中から、見慣れたローカル番組が半減してしまったことだろう。それでも東京発の娯楽番組は今まで通りに放送されることになっている。テレビ局の数は減ったが、チャンネルの数は変わらない。楽しみにしている娯楽番組も殆ど変わらない。それならそれで受け入れるしかないと思う。

少しだけ興味があるのは、いままでAとBがライバルとして競ってきた夕方のワイド番組のキャスターたちが、今度は一緒になって新しい情報番組を放送するというところだ。この番組はふたつのチャンネル（放送波）で同時放送もされるらしい。その一方でチャンネルごとにCM広告は異なるらしい。どうやら「大人の事情」があるようだ。

スポンサーは新局Cから、これまでと同じように広告を出すことをお願いされた。「1局2波」で広告効果にどんな影響が出るのか予備調査はしたが、結果は判然としない。取り敢えず当面は、従来通りに番組提供を行い、広告を出すことで了承した。新局Cにとっては、東京から送られてくる番組とCMはそのまま電波に載せるだけで済むため、有難い対応だった。

地元視聴者が興味を示してくれた、夕方ワイドの2チャンネル同時放送は、新局Cの営業マンの腕の見せ所だ。2局時代のスポンサーが以前と同じようについてくれるのかどうか。この試みに賛同できず、スポンサーを下りてしまうのかどうか。一つの番組を二つのチャンネルで売る「ワンソフト・マルチセールス」の行方に、エリア内の他局だけでなく、他のエリアのテレビ局も注目していた。

「1局2波」が生み出すもの。新局の事業規模は旧2局のそれをそのまま足し上げたものにはならないだろう。しかし、うまくいけば、事業規模は拡大され、エリアでトップを独走する他局を凌ぐかもしれない。経営困難だった局が、「1局2波」によってトップに躍り出れば、そこから見える景色もまた違ったものが見えるだろう。その期待も大きい。

系列の二つのキー局も事態の推移を静観せざるを得なかった。しかし「1局2波」がもたらすテレビネットワークへの影響を考えると、内心は穏やかではいられなかった。

そのままの「二股」運営が果たしていつまで続くのか。旧2局の融合はスムーズに進むのか。そして、何より気掛かりだったのは、地方で始まった「再編」という動きが全国に影響を及ぼし、それがまた中央にも変化を促すのではないかという点だ。歴史の中ではよくある話だ。

「ブロック化」で失われたもの

その203Qに前後して、或る複数のエリアでは、同じ系列の局がエリアを超えて、ほぼ同じ放送を流すという放送の広域化、「ブロック統合」が始められた。これも「テレビ局再編」のひとつの形である。

複数の近隣局で番組編成を仕切っていたのは、その中核となる「比較的規模の大きな地方局」（以下、大きな地方局）だった。同局を陰で支えていたのは系列の東京キー局である。否、それは「陰」などではない。キー局から「大きな地方局」へは、社長以下、数多くの人材が送り込まれていた。このブロック統合がキー局主導であることは明白だった。

「大きな地方局」を兄貴分とするならば、近隣の局は弟分だった。弟分たちは自らのエリアの視聴者のために、これまで同様に丁寧なローカル・サービスを行うことを要望した。それが彼らの存在価値だったからである。地域のニュースを取材し、伝える。地域のスポンサーに営業し、ローカルCMを放送する。それらは堅持されなければならない。

そうした要望は、ブロック統合に際して協定として明文化され、地域ごとに放送の一部差し替えが認められていた。それが「ほぼ同じ放送」の「ほぼ」の理由である。その一方で、ブロック統合による放送の最終工程は兄貴分である大きな地方局に委ねられていた。ブロック統合が放送の効率化を最優先するのならば、各エリアの独自のサービスはどこまで認められるのか。地方局固有の「地域力」はどこまで担保されるのか。微妙な空気を孕んでいた。

ブロック統合によって広域化したエリアの視聴者からみれば、この「再編」は、地元に新しいテレビ局をもたらした訳でもなければ、エリアの放送局を減らした訳でもない。外形的にはあまり変化を感じられなかった。しかし、いざ新しい放送が始まってみると、その内容には違和感があった。東京発の夜の番組は概ね今までどおりだった。違和感は夕方のローカル情報番組にあった。スタジオもキャスターも隣県の「大きな放送局」のそれだった。番組で扱う情報は明らかに「広域化」したようだが、自分の地元のネタは明らかに減った。

地元だけで視られていた地域色豊かなバラエティ番組はなくなった。地元局の広報から「地域密着」「地元愛」「地元ファースト」といった言葉もあまり聞かれなくなった。正直言って、放送全体からこれまでの「熱気」を感じなくなった。それまでは自分たちに向けられていた放送が今は誰に向けているものかよく分からない。その雰囲気は改善されるものなのかどうか。放送の中から地域が消えていくようで気持ちは晴れなかった。

再編は東京でも

２０３Qをきっかけに全国で様々な形の「テレビ局再編」が始まっていた。しかし、東京はまだ動かなかった。否、動かなかったのではなく、すでに緩やかな「再編」が２００８年のホールディングス化以降、進められていたというのが正確なところだろう。ホールディングス、認定放送持株会社が誕生した当初、在京キー局はホールディングスによるコングロマリットの対象をキー局本体とキー局関連企業に留めていた。それが効率的で、より機能集積された企業集団を作り得ると考えられていたためである。

しかし、「テレビ局再編」の地殻変動が起き、全国のあちらこちらでそれが具体的な姿を現し始めると、テレビの力の源泉である、地上テレビネットワークに対する再評価が行われた。つまり、ネットワークを堅持するためには、キー局がより積極的に地方局を束ね、「民放のNHK」とでも呼ぶような、「全国一気通貫」体制をつくることが賢明ではないかと考えられるようになった。また、国内基盤が強化されれば、海外に積極的に打って出る戦略も生きてくる。こうした系列局を傘下入りさせる動きに対して、2023年の法改正（ホールディングスが保有できる地方局数の制限撤廃）はプラスに働いた。

1局2波やブロック統合を志向した地方局ほど切迫しておらず、特に経済的苦境に陥ってはいなかったため、東京での「再編」スピードは緩やかだった。また、ホールディングスによってもそのスピード感はまちまちだった。しかし、203Qには地方でも東京でも「再編」を巡る動きが始まっていた。それはまた、相互に影響を及ぼし合い、新たな展開を生み出していった。

まだら模様に進む再編

三つの事例をシミュレートしてみた。203Qを全国的に眺めれば、「テレビ局再編」は一律一様なものではないことも分かる。複雑な高次方程式がそこにある。

地方テレビ局の経営はまちまちである。同じエリア内でもトップを走り、経営体力に余力がある局もあれば、息切れを起こし、再編必至の経営困難局もあるだろう。地方エリアについても、潤沢な広告費が投下され続けるエリアもあれば、その投下量が日に日に減っていくエリアもあるだろう。系列のネットワーク戦略もそれぞれ異なり、それを担う人材も当然、違う。系列局自身の状況判断、考え方もある。時間的な差異もあるだろう。「再編」が同時多発的に起きるのか。異時分散的なものになるのか。それらのことを全国的な規模で眺めると、「再編」の図柄は「まだら模様」のように見える。そして、「まだら模様」故の不安定な業界秩序が当分の間、続くのではないかとも思う。

それでも読者は安心して欲しい。視聴者に届けられる「放送」は従前と変わることはないだろう。不安定な業界秩序が直撃するのは各局の「経営」である。もちろん「経営」状況は「現場」に一定の影響を及ぼす。しかし、テレビの「現場」は優れて番組と視聴者に向き合っている。それがテレビであり、テレビマンの性《さが》である。従って「現場」は「経営」から切り離されて自律的に運営されるだろう。だから、「まだら模様」だろうが「格子柄」であろうが、「番組」はきちんと作られ、放送されるだろうと信じている。読者、視聴者には、その点はテレビを信頼して欲しいと思っている。

「まだら模様」のテレビ局再編は時間の経過と共に変容していくだろう。「再編」当初と同じ形がいつまで維持されるかは分からない。例えば、「1局2波」はネットワークに「二股」を強いる。チャンネル数が減らないことは視聴者からは歓迎されるだろうが、ネットワークがそれを容認し続けるのかどうかは分からない。「無理のあるもの」は「無理のないもの」へと落ち着いていく。それは自然の摂理だ。

「ブロック統合」はどこまで全国に広がるのだろうか。

現在のテレビネットワークは、全国に八つのブロックを形成している。北海道・東北ブロック、甲信越ブロック、東海ブロック、北陸ブロック、近畿ブロック、中国ブロック、四国ブロック、九州・沖縄ブロックがそれだ。ネットワーク全局が一堂に会する機会もあるが、ブロック会合はもっと頻繁に行われている。ブロック内の局が集まり、地域共通の課題を話し合い、共同企画を制作・放送することは日常的にままあることだ。従来のブロック内各局がその関係をそのまま継続するのか。いずれかの局を代表としてブロック統合する形でまとまり、放送エリアを広域化する方向を選ぶのか。これもまた状況次第である。

因みに八つのブロックを眺めていると、政治や行政の場で長く議論されてきた「道州制」に思い至る。道州制のエリアはこの八つのブロックとほぼ一致する。将来、日本が人口減少などでダウンサイジングした時に道州制が本格導入されるのかどうか。地方局のブロック統合が道州制のさきがけを演じるものになるのかどうか。関心がある。

そして、中央である。

「まだら模様」のような全国の「テレビ局再編」。そのスピード感はまちまちである。東京キー局の立ち位置としては、どこかのエリアの動きに即応するというよりは、全体像を眺めて方向性を決めていくというのが妥当であろう。その意味でもキー局の「再編」は緩やかで、着実かつ大きな動きになると思う。そして、その緩やかな動きの中でネットワーク全体の最適解を求める戦略が模索・研究され、実行されていくのだろう。

それらが２０３Ｑ以降に見られる「テレビ局再編」の姿ではないだろうか。

地方局はエリアで協力する見方も

「２０３Ｑ」の放送環境について私の仮説に則ってまとめてみた。では、メディアに詳しい他の専門家たちはどのように考えているのか。

ひとつの事例として或る有識者の考えを紹介してみたい。
法律学者でもある彼は、総務省などの有識者会議、諮問機関で長く活躍され、放送への造詣が深い。彼が2021年末に発した提言は、放送の厳しい将来を指摘しつつも示唆に富んだものだった。その提言は要約すると次のようなものだ。

〈地方局について〉
・地方局はキー局との系列関係を解消する方向に動くだろう。理由は、キー局による地方局の完全保護は困難だからだ。その関係は、番組販売・購入に留まっていく。
・放送における「ハード・ソフト一致」は崩れ、ハード事業者とソフト事業者が分離していくだろう。地方局は当然、ローカル・ソフト事業者となり、ハードを分離することで経営の負担を軽減していくだろう。
・地方局は自社制作番組を同じエリアの他事業者と相互流通するだろう。そうした方法で地方局はローカル番組の比率を高め、キー局依存の編成から脱していくだろう。
・編成同様、地方局はローカルスポット枠を主たる財源にし、営業的にもキー局依存体質から抜け出していくだろう。

・ハード・ソフトの分離に伴うハード事業者はエリア内に1社のみで、そこがエリア内の地方局すべての送出を行う。このハード事業者はエリア内の地方局の電波を一括管理し、その電波もまた、固定的に割り当てず、変更が可能なものとするべきだろう。

有識者が思い描く「未来の地方局」は、ネットワークよりもエリア内の協調関係が重視されるものだ。今後、放送を取り巻く環境（地方広告市場の低迷、ネット広告の台頭）を考えると、キー局からの支援は当てにならず、エリア内で自立し、制作、営業を行うよう勧めている。ハード事業者の新設、電波の一括管理もその論の延長にあるようだ。彼はまた、放送全体の未来像にも言及している。

民放のビジネスモデルは維持できるか？

〈民放とＮＨＫ〉

・民放の無料広告放送による従来型ビジネスモデルの維持は困難になるだろう。
・民放は、地上波・衛星波・ネット配信によって、全国向けあるいは首都圏向けのサービスを模索。キー局を含め、10社程度が事業者になって番組を提供するのが望ましい。

その収益構造は、広告収入・番組販売収入・インターネットでの定額配信サービスなどが考えられる。

・NHKは、「組織」または「機能」によって2分割するべきだ。公共放送のスリム化によって、ニュース・天気予報・児童向け番組などがいまよりも安い受信料で維持できるものと考える。他方、ドラマなどのコンテンツは選択的受信料や番組販売、広告などの収益構造によって実現されるべきである。

・地方民放が生き延びるためには組織的な方策、例えばキー局の子会社になることや地方局同士が合併するなどの方策が採られるべきであろう。

・地方局がネットワークを維持していく必要性は薄れていくだろう。そして、県域やブロックで合併をしていけば、経営体力は強化されるだろう。ひとつのローカル局で複数のキー局番組を放送する「クロスネット局」も復活するだろう。

いくつかの考えは本書のそれと一致する。その一方で、テレビのメディア・パワーや取材・報道網を維持するためのネットワークの必要性については、本書とはやや意見を異にしている。そうした点を踏まえつつも、有識者が示してくれた「放送の将来は、現在とは異なる変化に富んだものである」という認識は、私の思いと一致する。その意味では本書を書き綴る上で、彼の提言に私は背中を押していただいた気がしている。

２０３Qのテレビ局再編。それは世の中にどんなインパクトを与えるのだろうか。それは「まだら模様」と記したように、全国一律で起きるものではないのだろう。しかし、一部の地方で起きた変化が徐々に全国に伝播し、その影響が中央にも及んでいくことは間違いないと思う。その時、放送というメディアのサービスを享受する視聴者、国民はどう思うのだろうか。そして、放送を取り巻く様々なステーク・ホルダーたちはどういう反応を示すのだろうか。

２０４Qの世界・日本・東京

２０３Qという近い将来を思い描いてみた。それならば、さらに十数年後はどうなっているのだろうか。「２０４Q」の世界である。

地球環境はどうなっているのだろうか。ＳＤＧｓ（持続可能な開発目標）は実現しただろうか。2020年代に生じた国際的な緊張。ロシア・ウクライナ戦争後の世界秩序。米中2大国の拮抗。あるいは、民主主義国家群と専制主義国家群の行方。核の脅威や原子力発電所問題はどうなっているのだろう。また、「シンギュラリティ」、人工知能は人類の知能を越えているのだろうか。その時、私たちは果たしてどのように暮らしているのだろうか。

そして、日本は一体、どうなっているのだろう。総人口は2050年代に「1億人を割る」と推定されている。今、暮らしている街の住民人口は半減するとも言われている。2020年代に「少子」だった子供たちは、世代人口が最も少ない中年になっている。

少子化対策は功を奏したのだろうか。それとも実質的な移民政策が採られているのだろうか。国の財政は破綻していないだろうか。「異次元」と称された2020年代の財政金融政策の行方を知りたい。アジアで地盤沈下が進む日本の地位は回復したのかどうか。そして、東アジアにおける安全保障はその後、どういう経緯をたどっているのか。

東京を想う。2020年でも300を超える再開発が予定されていた東京は、その終わりなき再開発でどのような巨大都市に変貌しているのだろうか。地方の過疎を尻目に東京はさらに拡大を続けているのだろうか。街の空にはプロペラがついた車や物流ドローンが飛び交い、通信技術も6Gをさらに飛び越えて7G、8Gになっているのだろうか。そして、日本の半導体技術は息を吹き返し、巨大都市・東京を陰で支えているのであろうか。

夢物語のような「204Q」である。

その時、テレビは一体どうなっているのだろう。203Qに続く、私のさらなる「仮説」である。

3大メガネットワークの誕生

テレビは204Qで「3大メガネットワーク」へと収斂《しゅうれん》されるのではないか。それがさらなる「仮説」である。

運営するのは、巨大メディア産業「メガ・メディア・コングロマリット」である。「メガ・メディア・コングロマリット」はテレビネットワークとインターネット、そして第3、第4のメディアを包含し、巨大化している。その起源は2000年代後半に作られた「認定放送持株会社」である。その成長と発展は止まらない。

テレビは2020年代までNHKと民放テレビネットワークによる二元体制が構築さ

れていた。公共放送であるＮＨＫ。そして、民放テレビは無料広告放送によって日本テレビ、ＴＢＳ、フジテレビ、テレビ朝日、テレビ東京の5キー局と5系列が存在した。ＮＨＫはネットを取り込んだ「公共メディア」への脱皮を目指し、民放もネット配信隆盛の時代に備え、「テレビ＋デジタル」の対応に余念がなかった。

それがどのようにして２０４Ｑに「3大メガネットワーク」へと変貌するのだろうか。その理由を考える時、先ず思い浮かぶのは、地方における「テレビ局再編」の動きだ。

パクス・テレビーナの時代を経て確立された「県域民放4局政策」は２０３Ｑで大きな曲がり角を迎える。五つのネットワークは当初、現状の体制でそれに対応するだろう。しかし、地方局は「再編」の波を経て、ひとつの均衡点に向かっていく。均衡点は「県域3局」だ。「水は低きに流れる」ようにネットワークも収斂されていく。その過程で「3大メガネットワーク」への再編が行われるのだ。

では、何故、「メガ」になるのか。テレビ広告、とりわけ地方のテレビ広告市場の縮小を受けて、地方テレビ業界の再編が行われたはずだ。しかし、それはテレビそのものの縮小を意味していなかった。「再編」で「恒心」を維持したテレビはその新たな事業機会を必ず模索する。例えば、地方局削減で空いた周波数帯では、新技術による地上４K、８Kが実現されるだろう。技術の進歩によって現行の地上２Kハイビジョンは、白黒テレビがカラーテレビにシフトしたように、新技術による、互換性を持った地上４K、８Kにシフトする。この新たな超高精細度テレビネットワークは、これまでにない効用を生み出してくれるだろう。それもまた、「メガ」に資するものになる。なんといっても電波の世界は無限なのだ。これは一例に過ぎない、テレビはいくらでも新しい事業機会を生み出すことができるのだ。

しかし、「メガ」誕生の最も有力な理由は、既存ネットワークの統合・合併である。金融再編で都市銀行が統合されメガバンクが生まれたように、複数のテレビネットワークがひとつになることで、これまでにはない規模と機能をもったネットワークが誕生するのだ。

２０３Qに地方で起きたテレビ局再編が起因となって、２０４Qにはテレビネットワークの合従連衡が進む。それがこの「仮説」の主旨だ。

しかし、その過程は一様ではない。いまあるキー局やネットワークのどことどこが結びつくのか。結びつかないのか。あるいは、1社1ネットワークが単独で「メガネットワーク」へと成長することがあるのかどうか。

それればかりではない。この「合従連衡」やテレビそのものに別れを告げて、異なる伝送路に軸足を完全移行するキー局やネットワークが出てくるのかどうか。

そうした様々なケースが考えられる。そして、それを考えるヒントとしては次のような要素があるのではないかと思う（順不同）。

・5キー局、5系列の資本・財務状況。
・5ネットワークの2030〜40年代の優劣。
・5ネットワークの系列局再編の状況。
・5キー局、5系列の2030〜40年代のデジタルメディアでの成功度合い。
・5キー局間の企業としての相性や人的な交流。

さらに、

・国、総務省の政策方針や制度設計。
・異業種資本の参入動向など。

「３大メガネットワーク」の帰趨を知るには、これらの要素を、時間をかけて見極めなければならない。２０４Qがその実像を結ぶのはまだ当分、先となる。

「仮説」と称しながら、それを検証するために長い時間を要することに隔靴掻痒の感もあるだろうが、それでもこの「３大メガネットワーク」という「仮説」は、テレビの現在と未来を考えれば、演繹的に導き出される結論のひとつではないかと思う。

そして、３大メガネットワークを擁するメディア・コングロマリットもまた、「メガ」になっているだろう。それは、２０２０年代にテレビが「ボーダーを超えろ」と自らを鼓舞した結果でもある。デジタルとのボーダー、海外とのボーダー、固定観念のボーダー。それらのボーダーを超え、その結果として２０４Qのホールディングスは「メガ・メディア・コングロマリット」の司令塔になっている。

そして、そのコングロマリットがリードする中で、テレビとネットが融合する新たな「情報・言論空間」が創られ、それが「新しい民主主義」に貢献すること。そのコングロマリットが堅持する「地域力」が、日本固有の文化や思想を守り、「日本浮揚」に資すること。そして、このコングロマリットによって創られる未来社会がシンギュラリティを超えること。テレビを基軸とした、「メディアの終わりなき成長」を、私は夢見ている。

終章　テレビは終わらない

203Q再考

「テレビ局再編」は、主に経済的事由から一部の地方エリアで始まるのだと思う。人口減少、少子高齢化、そして都市と地方の人口偏在。それらが地方の広告市場を圧迫する。そして、メディア環境の変化がその苦境に輪をかける。ネット広告の伸張はマスメディア広告全般とテレビ広告を圧迫し、「再編」を促す要因となっていく。県域民放4局政策はすでに先行きが不透明な状況に陥っており、市場が4局全てを賄い得ないならば、「自然淘汰」も含めて「再編」が起きるのは理に適っている。放送行政が編み出した「護送船団」方式も、その風景は過去のものだ。

一部地方の経済的困難に対して、テレビ局とそのネットワークは、生き残りをかけて対策を講じることになる。先ずは「内科的処置」を施す。売り上げアップや倹約、リストラなどだ。しかし、事態は元々、構造的なものである。内科的処置で治療が困難な場合は、ドラスティックな「外科的処置」が施されることになる。そのひとつが「再編」となる。それは、一部の地方の、一部のテレビ局の出来事に留まらないだろう。「再編」が、地方エリア全体にもたらすインパクト、ネットワークにもたらす影響は小さくない。そして、その「地方のうねり」が中央にも何らかの波及作用をもたらすことは必定だ。前章で展開したのは、そんな話だった。

日本でテレビが始まってから70年余。本書では前半で「パクス・テレビーナ（汎テレビ）」、テレビ無双の時代を振り返ったが、あの頃までに構築されたテレビネットワークとその「均衡」は今後、破られるだろう。均衡がひとたび破られれば、次の均衡点に落ち着くまで状況は流動化する。そして、それがネットワークに様々な出来事を引き起こすと思われる。

しかし、だからといって「テレビがなくなるわけではない」というのもまた、真実だ。

ネット隆盛の中で、私たちはテレビ固有のメディア特性やメディア力を改めて確認した。その抜きん出た「コンテンツ力」と、全国一斉に伝達できる「リーチ力」「訴求力」の強さ。そうした力はテレビネットワークを今後も堅持することで保たれる。ネットワークを堅持することはまた、地方にあっては地方局の重要な機能である「地域力」の維持にもつながる。

第5章以降で述べたとおり、「テレビ局再編」を考える時には、地方局の「地域力」に十分留意することに改めて注意を促したい。目先の経済合理性だけでは、結果としてテレビの力を半減させてしまうからだ。テレビネットワークも機能不全に陥ってしまう。それでは「再編」も、ただの一時しのぎで終わってしまうだろう。「テレビ局再編」をするならば、それは日本を元気にするための起爆剤になって欲しいと思う。

地域の総合プラットフォーム

２０３Ｑを再考しながら、地方局が現業のテレビ事業での競争はそのままに、インターネット事業で有意な協力関係を結べるかどうか、しばし考えていた。

地方局はこれまで自らホームページを持ち、動画コンテンツやニュース、天気情報などを載せて視聴者へのサービスを行ってきた。ユーチューブにも公式アカウントを持ち、オリジナリティのあるコンテンツを披露する一方、報道補完にも活用してきた。そして、そこでいくばくかの利益も得ている。

しかし、従前から言われていることだが、これらを事業として大きく成功させるのはかなり困難だ。それはテレビを補完できるが、代替できる事業にはなり得ない。地方局の事業規模、リスクが大きい事業にかける資金の不足、自社コンテンツのストック量などがその理由であり、それらに加えてネットから得られる収入の少なさも挙げられる。それでも地方局は収入の多角化のためにネットへの注力を続けている。もちろん、その努力は多としたい。相応の実を結ぶ可能性も大きい。しかし、何か物足りない。そう。事業規模、資金、コンテンツのストックといった悩みはエリアの地方局共通の悩みだ。1社でそれを抱え込むのではなく、その悩みを解決するために、例えばネット事業についてはエリアの地方局がひとつになってみる。そんな「規模の経済」を実現できないだろうか。それが私の考える「有意な協力関係」である。

地方局には半世紀以上に亘って築き上げてきたブランドがある。情報力、コンテンツ力も地域随一だ。その地方局が集まり、地域の企業や団体、グループなどを巻き込んでひとつの大きなプラットフォームを作れないだろうか。地域固有の「総合プラットフォーム」。地域のネット事業の「総和」となるプラットフォームだ。

それは一体、どんなものか。

分かり易く表現するならば、それは「エリアのヤフー」だ。その地域のことはこのプラットフォームにたどり着けば、全て分かってしまう。そんな夢のような「広場」である。

エリア固有の「ニュース・エンタメ」「衣・食・住」「健康・生活」「観光・行楽」「文化・教育」等から始まって、そこには地域のありとあらゆる有用な情報が掲載される。情報発信者は地方局だけではない。地元企業や地元店舗、公的機関や一般サークル等、様々な情報源が参加し、その地域ならではの独特な賑わい広場をそこに創る。

総合プラットフォームにアクセスするのは先ず、地元ユーザーである。何故ならば、このプラットフォームは地域ファーストで運営されるべきだからである。しかし、それに留まることはない。その地域に対する地域外のニーズも掘り起こし、首都圏などの大都市、近隣エリア、さらには遠隔地からのアクセスも取り込みたい。インターネットには優れてその力がある。内外のエリアとの交流によって思いもしない化学反応が起きるかもしれない。地域への人口誘導や移住のきっかけになるかもしれない。

このプラットフォームの運営原資はどうするのか。もちろん先ずは広告が考えられるが、広告に限らず、一部有料も良いと思う。また、リンクする事業からの協力金も有難い。収入源を幅広く持ち、参加メンバーたちが全員野球で地域最大規模の「ローカル・プラットフォーム」を盛り上げていく。

そんなインターネットを使った「アップサイジング」な事業に、地方局の知見や人材が生かされ、その活躍の場が広がらないだろうか。そんなことを密かに期待している。

政界も金融も再編された

「テレビ局再編」に戻ろう。

放送局が統廃合され、業界再編が起こるかもしれない。そんな話題が出始めたのは、2000年頃だったと記憶している。BSデジタルの開始。多メディア多チャンネルの本格化。インターネットの登場等。そうしたメディア環境の変化によってテレビ視聴率全体を示すHUT（総世帯視聴率）の低下が注目され始めた頃だった。それでもまだテレビは「パクス・テレビーナ」の余韻に浸っていられる牧歌的な時代だった。

しかし、2024年の今日、視聴率はHUTからPUT（総個人視聴率）に軸足を移したものの低下自体からの回復は見られず、むしろ、若者の「テレビ離れ」がより顕著になった。右肩上がりを続けてきたテレビ広告市場も頭打ちとなり、漸減した。

この20年の間に様々な出来事が起きた。地デジ化投資、リーマン・ショック、コロナ禍やウクライナ侵攻等。それらはテレビ局の経営体力を消耗させ続けた。そして、20年前に「登場」し、急成長を遂げたインターネットは、その勢いと圧によってテレビに「再編」という話題をもたらすには十分なメディアとなった。

2000年のあの時代とは、明らかにテレビを取り巻く環境が変わったのだ。ならば、これから20年の間に「再編」はいつどのようにして起こるのか。その時、テレビは一体、どうなるのか。そのアナロジーを探して、私は自身の記憶を手繰ってみた。

古い話で恐縮だが、私が「再編」という言葉で先ず思い出すのは、「政界再編」だ。

1990年代前半、政財官の癒着が指摘され、政治の信頼回復、歪み是正のために「政治改革」が叫ばれた。選挙制度の改革、2大政党制への移行。政治記者だった私はその改革の主旨は理解したが、「55年体制」という「鉄板」の上で栄華を誇っていた与党・自民党がその改革に本気で邁進するとは信じ難かった。私の考えも保守的だった。

実際、「政治改革」は一旦、その勢いを失った。しかし、自民党内の権力闘争と相俟って「改革」は再び力を得、自民党没落、非自民勢力台頭という大政局を経て、実現された。

そして、その「政治改革」が呼び水となって日本の政治史を塗り替える「政界再編」が引き起こされていった。あの一連の流れを振り返る時、固定観念に囚われていた私は未来を見通せなかったと今も思う。

もうひとつ「再編」といえば、「金融再編」である。エリートの象徴とも言われた大蔵省（現・財務省）や大手銀行とその幹部たち。バブル時代、彼らは「我が世の春」を謳歌していた。そして、90年代後半のバブル経済崩壊後、そうしたエリートたちは変質を余儀なくされた。バブルが残した不良債権の処理に追われ、それは金融機関の経営を圧迫した。97年に起きた北海道拓殖銀行の破綻。山一證券の廃業。翌年には、銀行エリートによる大蔵省接待汚職事件も発覚する。金融業界は混乱に陥っていた。しかし、そうした厳しい状況の中であっても、第2次橋本政権は金融・証券の市場活性化と国際化を目的とした大改革、いわゆる「金融ビッグバン」を断行した。これによって金融業界の再編は必至となった。

2000年、日本興業銀行、富士銀行、第一勧業銀行を統合した「みずほホールディングス（現・みずほフィナンシャルグループ）」が発足。この統合には、持株会社制度が用いられた。

銀行統廃合による「金融再編」は嵐のように進められ、かつて20あった大手銀行は、最終的には三つのメガバンクに統合された。金融、特に銀行の堅牢ぶりを見聞きしてきた私にとって「金融再編」もまた、衝撃的な出来事だった。そして、それまでの常識を覆す出来事はいつでも起こり得ることを学んだ。

「政界再編」も「金融再編」も、水面下でそれを必然とする大きな流れが出来上がっていた。それは、「テレビ局再編」を考える際に、アナロジーとして見るに値する。

水面下での大きな流れ

「テレビ局再編」も傍目《はため》にはあるとき突然に起きたように見えるかもしれない。

しかし、やはり水面下にはそれを必然とする大きな流れがある。その流れはどんなものか。及ばずながらそこに思いを巡らすのが本書の目論見だった。しかし、常識を覆す「再編」というドラマはきょう、あす起こるものでもない。それは10年程度のタイムスパンの中で起こるのだろう。それ故に「２０３Ｑ」や「２０４Ｑ」という表現を本書では使わせていただいた。

アナロジーの話でもうひとつ、是非、記しておきたいことがある。

前出の「政界再編」「金融再編」という出来事は、政治と金融に極めて大きなインパクトを与え、その姿を変容させたが、それらは決して失われなかった、ということだ。再編後すでに長い時間が経つ。そして、政治も金融も今、新たな事態に見舞われている。「小選挙区比例代表制」による現代政治は、再編当時とは異質な政治課題を生んだ。財務省と日銀、そしてメガバンクが主導する日本経済もまた、再編以降、新たな難問に向き合い、その答えを求めて日々、格闘している。

しかし、再編でそれらの存在や意義は決して失われなかった。それらは新たな課題に向き合い、解決策を見つけるため心を砕き、前へ進もうとしている。

放送もそうだ。「再編」があろうがなかろうが、放送もテレビも決して失われない。それは、新しい時代に向き合い、自分たちの役割を十二分に果たすため全力を尽くす。日は沈み、日は昇るように、それらは終わらない。大事なものは決して、失われることはないのだ。

そして、テレビは終わらない

地上テレビ局の将来が「バラ色」に包まれているとは、今や誰も思っていないだろう。そのバラ色が、華々しさや高給与といった、その昔、世の反発を招いた「徒花《あだばな》」の色ならば、それは随分と昔に消え去っている。そして、それがテレビの価値ではない。

テレビは、或る時は羨望のまなざしで迎えられ、或る時は激しい批判に晒された。「第4の権力」などと持て囃《はや》されたこともあれば、「オワコン」と揶揄《やゆ》されることもある。毀誉褒貶《きよほうへん》はしかし、テレビがメディアの「ど真ん中」にあることの証左だったと思う。今日、インターネットの台頭でテレビの影は薄くなり、その価値は大きく低下してしまったかのようだ。否、果たしてそうだろうか。

本書は、テレビ70年の歴史のうち、特に後半40年にスポットを当てている。その時代を振り返る時、(それは私の実体験と重なる時代なのだが)テレビというメディアの持つ「同報性」「即時性」「広域性」を現場の様々なシーンと共に思い出す。そして、視聴者の一人として「リーチ力」「コンテンツ力」「地域力」を実感する。

テレビはいまなお、1年365日、1日24時間、その放送を続けている。そして、視聴者、国民を楽しませ、困難な有事にあっては彼らを護り、救うために身を粉にする。それを思うと、テレビの存在価値や意義は決して失われていない。

ネットメディアとの関わりはすでに四半世紀を超えた。テレビ優勢の時代に静かに届けられた「トロイの木馬」。そこから飛び出したネットメディアは驚異的な勢いで世界に広がっていった。そして、ネットならではの「空間」を造り出した。

しかし、その空間も完全無欠ではない。いくつもの穴が散見される。ネットメディアもまた、成長過程にあるのだ。そうした中、テレビは自らの価値再発見に努めている。己の現在位置を知り、その上で「テレビ+デジタル」というメディア戦略によって「王座」への返り咲きをも狙っている。テレビが生み出す新しい価値は、ネットのそれと弾き合い、交わり、混ざり合って、新しい「情報空間」を形成していくのだろう。そこに生まれる「新しい民主主義」にも期待したいと思う。

そんなメディア観を「未来から来る若者」たちはどう感受してくれるだろうか。

「テレビ局再編」と題してテレビの過去・現在・未来を考えてみた。

そして、思うことがある。

「役に立つものは、いつまでもなくならない」

それは歴史が証明している。だからこそいま、私は読者、視聴者に断言したい。

テレビは終わらない、と。

主要参考文献

『DX時代の信頼と公共性』民放連研究所客員研究員会編　勁草書房　2020年
『メディアの将来像を探る』早稲田大学メディア文化研究所編　一藝社　2014年
『広告会社からビジネスデザイン・カンパニーへ』湯淺正敏　ミネルヴァ書房　2020年
『メディア産業論』湯淺正敏　ミネルヴァ書房　2020年
『BS日テレの731日』BS日テレ編　DBC番組情報データベースセンター　2001年
『誰も知らない東京スカイツリー』根岸豊明　ポプラ社　2015年
『デジタル・ジャーナリズムは稼げるか』ジェフ・ジャービス　東洋経済新報社　2016年
『2050年のメディア』下山進　文藝春秋　2019年
『平成ネット史　永遠のベータ版』NHK「平成ネット史（仮）」取材班　幻冬舎　2021年
『日本テレビの「1秒戦略」』岩崎達也　小学館新書　2016年
『誰がテレビを殺すのか』夏野剛　角川新書　2018年
『平成政権史』芹沢洋一　日本経済新聞出版　2018年
『平成をあるく』共同通信社編　柘植書房新社　2019年
『「ニュース」は生き残るか』早稲田大学メディア文化研究所編　一藝社　2018年
『安倍晋三「保守」の正体』菊池正史　文春新書　2017年

主要参考文献

『両利きの経営』チャールズ・A・オライリー、マイケル・L・タッシュマン　東洋経済新報社　2019年
『邪悪に堕ちたGAFA』ラナ・フォルーハー　日経BP　2020年
『放送制度概論』鈴木秀美・山田健太編著　商事法務　2017年
『テレビ局削減論』石光勝　新潮新書　2011年
『「ローカルテレビ」の再構築』脇浜紀子　日本評論社　2015年
『テレビ夢50年』日本テレビ50年史編集室編　日本テレビ放送網　2004年
『札幌テレビ放送50年の歩み』札幌テレビ放送創立50周年記念事業推進室編　札幌テレビ放送　2008年
『放送の20世紀』NHK放送文化研究所監修　NHK出版　2002年
『お前はただの現在にすぎない』萩元晴彦・今野勉・村木良彦　田畑書店　1969年
『ニューメディア「誤算」の構造』川本裕司　リベルタ出版　2007年
『その情報、本当ですか?』塚田祐之　岩波ジュニア新書　2018年
『民間放送70年史』日本民間放送連盟編　2021年

根岸豊明　ジャーナリスト。1957年、東京都生まれ。早稲田大学政経学部卒。81年日本テレビ入社。同社取締役執行役員、札幌テレビ社長・会長を歴任。著書に『新天皇　若き日の肖像』などがある。

Ⓢ新潮新書

1025

テレビ局再編《きょくさいへん》

著　者　根《ね》岸《ぎし》豊《とよ》明《あき》

2024年1月20日　発行

発行者　佐　藤　隆　信

発行所　株式会社 新潮社

〒162-8711　東京都新宿区矢来町71番地
編集部(03)3266-5430　読者係(03)3266-5111
https://www.shinchosha.co.jp
装幀　新潮社装幀室

印刷所　株式会社光邦

製本所　加藤製本株式会社

ISBN978-4-10-611025-2　C0234

価格はカバーに表示してあります。